高职高专"十二五"规划教材

白酒生产实用技术

姜淑荣　主　编
廉玉梅　副主编
王秀琪　主　审

化学工业出版社
·北京·

本书内容的选取以目前各种实际的白酒生产技术为对象，通过穿插来自于白酒企业的图片、表格、白酒质量国家标准及主要检验方法等，图文并茂，实现各元素的融合，保证教材内容的针对性和职业性。

本书内容包括绪论、白酒酿造的原料和辅料、酒曲的生产、白酒的生产、液态法白酒的生产、白酒贮存与勾兑调味技术、白酒质量标准。本教材为白酒生产企业高级工程师与高校教师合作开发并编写的校企合作教材，保证了教材的实用性。

本书可作为高职高专院校的食品类专业、发酵工程专业、酿酒工艺专业以及相近专业的教学用书，也可作为白酒厂工程技术人员的工作参考书以及白酒厂职业培训教材。

图书在版编目（CIP）数据

白酒生产实用技术/姜淑荣主编．—北京：化学工业出版社，2014.5（2024.1重印）
高职高专"十二五"规划教材
ISBN 978-7-122-20007-5

Ⅰ．①白… Ⅱ．①姜… Ⅲ．①白酒-酿酒-高等职业教育-教材　Ⅳ．①TS262.3

中国版本图书馆 CIP 数据核字（2014）第 044912 号

责任编辑：张双进　　　　　　　　　　　　文字编辑：糜家铃
责任校对：王素芹　　　　　　　　　　　　装帧设计：王晓宇

出版发行：化学工业出版社（北京市东城区青年湖南街 13 号　邮政编码 100011）
印　　装：北京印刷集团有限责任公司
787mm×1092mm　1/16　印张 9¼　字数 231 千字　2024 年 1 月北京第 1 版第 5 次印刷

购书咨询：010-64518888　　　　　　　　　　售后服务：010-64518899
网　　址：http://www.cip.com.cn

凡购买本书，如有缺损质量问题，本社销售中心负责调换。

定　　价：25.00 元　　　　　　　　　　　　　　　　　版权所有　违者必究

前　言

《白酒生产实用技术》是高职高专食品类专业一门重要的专业技术课，本教材以白酒生产为主线，内容上从原料、辅料、水、酒曲生产、白酒生产、质量检验到白酒质量标准，各部分均附有相应的质量标准，环环相扣，清晰透彻，繁简适当，重点突出，在编写过程中主要突出了以下特点：

1. 教材内容具有实用性和针对性

教材内容选取以目前实际的各种白酒生产技术为对象，通过穿插来自于白酒企业的图片、表格、白酒质量国家标准及主要检验方法等，图文并茂，实现各元素的融合，保证教材内容的针对性和职业性。

2. 教材编写人员组成特点

本教材为白酒生产企业高级工程师与高校教师合作开发并编写的校企合作教材，保证了教材的实用性。

本教材由黑龙江旅游职业技术学院姜淑荣任主编，哈尔滨轻工业技术学校廉玉梅任副主编，哈尔滨关东老窖酒业有限公司副总经理、高级工程师王秀琪任主审。全书共六部分内容。其中，绪论由廉玉梅编写；第一章由黑龙江农业经济职业学院满丽莉编写；第二章、第三章由黑龙江农业经济职业学院刘玉兵、黑龙江农垦科技职业学院尚丽娟编写；第四章、第五章由姜淑荣编写。

本教材是高职高专院校的食品类专业、发酵工程专业、酿酒工艺专业以及相近专业的教学用书，也可作为白酒厂工程技术人员的工作参考书以及白酒厂工作人员的职业培训教材。

本教材在编写过程中得到了许多白酒企业的大力支持，同时参考了同仁公开出版的文献资料，在此深表感谢。

编者
2014 年 1 月

目录 CONTENTS

绪 论

第一节　白酒工业发展史 ··· 001
　　一、白酒的起源 ·· 001
　　二、白酒生产技术发展史 ·· 001
　　三、白酒工业展望 ·· 002
第二节　白酒的分类 ··· 003
　　一、按生产方法分类 ··· 003
　　二、按使用原料分类 ··· 003
　　三、按使用的曲种分类 ·· 003
　　四、按白酒的香型分类 ·· 004
　　五、按酒质分类 ·· 004
　　六、按酒度高低分类 ··· 004
思考题 ·· 004

第一章　白酒酿造的原料和辅料

第一节　原料 ·· 005
　　一、白酒生产对原料的要求 ·· 005
　　二、原料的主要化学组成与酿酒的关系 ·· 006
　　三、原料中主要成分的分析 ·· 009
　　四、白酒酿造原料 ·· 014
第二节　辅料 ·· 024
　　一、辅料与酿酒的关系 ·· 025
　　二、辅料的种类 ·· 026
第三节　水 ··· 028
　　一、白酒酿造用水 ·· 028
　　二、白酒降度用水 ·· 051
思考题 ·· 052

第二章　酒曲的生产

　　一、酒曲分类 ··· 053

二、制曲原料 …………………………………………………………………… 054
第一节　大曲的生产 ……………………………………………………………… 055
　　一、大曲概述 …………………………………………………………………… 055
　　二、大曲生产技术 ……………………………………………………………… 058
　　三、典型大曲生产工艺 ………………………………………………………… 065
　　四、大曲的质量 ………………………………………………………………… 066
第二节　小曲的生产 ……………………………………………………………… 068
　　一、小曲概述 …………………………………………………………………… 068
　　二、典型小曲生产工艺 ………………………………………………………… 070
　　三、小曲的质量 ………………………………………………………………… 072
第三节　纯种制曲工艺 …………………………………………………………… 074
　　一、纯种制曲工艺概述 ………………………………………………………… 074
　　二、纯种曲霉的麸曲生产工艺 ………………………………………………… 074
　　三、麸曲的质量 ………………………………………………………………… 076
　　四、麸曲生产中的异常现象及预防措施 ……………………………………… 077
思考题 ………………………………………………………………………………… 077

第三章　白酒的生产

　　一、大曲酒生产工艺的特点 …………………………………………………… 078
　　二、大曲酒生产的类型 ………………………………………………………… 078
第一节　大曲酒的生产 …………………………………………………………… 080
　　一、浓香型大曲酒生产工艺 …………………………………………………… 080
　　二、酱香型大曲酒生产工艺 …………………………………………………… 086
　　三、清香型大曲酒生产工艺 …………………………………………………… 091
第二节　小曲酒的生产 …………………………………………………………… 096
　　一、半固态小曲酒生产工艺 …………………………………………………… 096
　　二、固态小曲酒生产工艺 ……………………………………………………… 098
第三节　麸曲酒的生产 …………………………………………………………… 100
　　一、麸曲白酒生产工艺流程 …………………………………………………… 101
　　二、麸曲白酒生产操作技术 …………………………………………………… 101
第四节　液态法白酒生产技术 …………………………………………………… 104
　　一、液态熟料发酵法 …………………………………………………………… 105
　　二、液态生料发酵法 …………………………………………………………… 106
　　三、提高液态生料发酵法白酒质量的技术措施 ……………………………… 107
第五节　低度白酒的生产 ………………………………………………………… 108
　　一、低度白酒生产工艺流程 …………………………………………………… 109
　　二、低度白酒生产操作技术 …………………………………………………… 109
思考题 ………………………………………………………………………………… 112

第四章 白酒的贮存与勾兑调味技术

第一节 白酒的贮存 ······ 113
一、白酒老熟的机制 ······ 113
二、白酒的贮存时间与人工老熟 ······ 114

第二节 白酒的勾兑调味 ······ 116
一、勾兑调味的作用及基本原理 ······ 116
二、勾兑调味用酒 ······ 116
三、勾兑调味方法 ······ 117
四、勾兑调味人员的基本要求 ······ 118

第三节 白酒理化指标检测 ······ 119
一、酒精度 ······ 119
二、总酸 ······ 124
三、总酯 ······ 125
四、固形物 ······ 127
五、乙酸乙酯 ······ 127
六、己酸乙酯 ······ 129
七、乳酸乙酯 ······ 131
八、β-苯乙醇 ······ 133

思考题 ······ 134

第五章 白酒的质量标准

一、白酒的感官标准 ······ 136
二、白酒的理化指标 ······ 138
三、白酒的卫生指标 ······ 140

参考文献

绪论

第一节 白酒工业发展史

一、白酒的起源

我国是制曲酿酒的发源地，有着世界上独创的酿酒技术。白酒是指以淀粉或糖为原料，经糖化发酵制成的饮料。白酒是中华民族的特产饮料，又为世界上独一无二的蒸馏酒，通称烈性酒。

白酒酿造始于何人，其说法不一。战国时期《世本·作》中有"仪狄做酒醪变五味"，这是造酒最早的文字记载，传至周朝，更有汉朝许慎《说文解字》"古者仪狄作酒醪，禹口尝之而美，逐疏仪狄。杜康作秫酒"。至今杜康造酒之说广为传颂，及至日本人将酿酒工艺统称"杜氏"。更有曹操《短歌行》："对酒当歌，人生几何？何以解忧，唯有杜康"。有人认为杜康是酿酒的祖师爷，这是一种悖论。宋高承在其《事物纪原》一书中说："不知杜康何世人，而古今多言其酿酒也"，说明杜康究竟是哪个时代人，尚未搞清楚，何况当年杜康酿造的酒绝非今日的蒸馏酒。

人类社会的发展及微生物学原理推测，认为酒的起源最早是水果酒，其次是奶酒，最后是粮食（谷物）酿造的蒸馏酒。水果中含有糖类的果汁，如暴露于皮外，果皮上常附有酵母，在温度适宜的条件下，果汁就会发酵成酒。动物家畜的乳汁，其中含有乳糖，同样经酵母发酵为奶酒。谷物酿酒要复杂很多，粮食的主要成分是淀粉，淀粉需要经淀粉酶分解为糖，然后由酵母的酒化酶将糖变成乙醇。我国粮食酒中最早出现的是黄酒，称为酿造酒，又称发酵酒，是不经过蒸馏的，随后才会出现现在的蒸馏酒，即中国白酒。

二、白酒生产技术发展史

从古到今白酒生产技术不断发展，而从酒业中所获得的利润也一直都是各国国库收入的主要来源之一，明朝取消了酒类专卖，实行征税制；中华人民共和国成立不久，1951年对酒类又实行了专卖政策。

明代李时珍在《本草纲目》中说："烧酒非古法也，自元代时创其法。用浓酒和糟入甑，蒸令气上，用器承取酒露，凡甑蒸取，其清如水，味极浓熟，盖酒露也。"这是中国酒史上最有价值的记载之一，叙述了中国传统蒸馏酒的两个阶段，第一个阶段的核心是烧酒的生产，程序为：蒸煮，曲醅，压榨，蒸馏。"凡酸败之酒皆可蒸烧"，实际上当初蒸烧是处理"味不正"黄酒。第二阶段记载表明中国白酒工艺的诞生，其生产过程为：蒸煮，曲醅，蒸馏。与第一阶段不同的是酒醪不经过压窖，而直接进行蒸馏，白酒与黄酒的生产工艺真正分离。

山西汾酒的生产工艺被称为"清渣法"。酒醅两次发酵，两次蒸馏，发酵时间较短。其工艺过程是把粮蒸熟后加曲入陶瓮酿28天，以甑蒸取，蒸取后不加新粮，再和曲入陶瓮酿28d，再蒸取的传统发酵工艺。

我国解放初期基本上都是"小烧酒"，没有大规模的生产基地，采用祖传的工艺路线，以手工操作为主。以酒曲作为糖化剂，利用野生酵母进行发酵，发酵过程中凭经验来判断发酵是否正常，采用土甑锅进行蒸馏。

1. 传统白酒工艺的改革历程

1956年我国制订12年长远种子技术发展规划时，把茅台酒列为总结提高民族传统食品的内容。中国轻工业部在1959~1960年，组织专家现场总结整理茅台酒的传统酿造技术资料，同时结合50年代"烟台白酒酿造操作法"总结了普通白酒的生产工艺经验，提出了十六字经验。"麸曲酒母，合理配料，低温入窖（池），定温蒸烧"操作法的提出，标志着我国白酒酿造进入了一个有法可依的新阶段。在烟台白酒酿制操作法的基础上，涿县又总结出了"稳，准，细，净"的白酒操作法，使白酒酿制步入了科学的管理轨道。1968年轻工业部葛春霖司长与中科院大连理化研究所协作，剖析了茅台酒的香味成分，中国食品发酵工业研究所万良才在大连理化研究所以化学分族浓缩气相色谱为主要手段，分离和鉴定香味成分，检出50种香味成分，把现代分析技术应用于白酒研究，为今后我国白酒分析、检测及新型白酒的发展奠定了基础。

2. 现代白酒工业

白酒工业以传统发酵工艺为主流。随着科技的发展，白酒工艺也在改进，尤其是新技术的应用，如将气相色谱、质谱及液相色谱应用于白酒工艺分析，使白酒香味成分逐步明朗化，很多神奇的东西变得众人皆知，人们对白酒有了全新的认识。以往传统工艺"掐头去尾"，而现在酒头、酒尾用来作为白酒的调味液；过去发酵的废液"黄水"经过处理不但能用来兑酒，还能用来发酵窖泥；酒糟是白酒的固体废弃物，通过分析发现酒糟中存在大量的有机酸及高级醇等白酒香味物质成分，可通过"串香"的方法加以充分利用。

在现代白酒工业中，尤其是白酒低度化后，白酒的过滤系统被普遍采用，用以除浊、净化。其中有冷冻法、活性炭法、树脂吸附法、硅藻土法等新技术的应用，使传统的白酒工业发展空间更广泛，制曲更专业化。酒精勾兑白酒已成为主流，其产品不局限于传统的五大香型，随着科学技术的不断进步，白酒作为传统饮品将进入一个新的历史时期。

三、白酒工业展望

新中国成立以来，白酒行业迅速发展。1952年全国第一届评酒会评选出全国八大名酒，其中白酒4种，称为中国四大名酒。随后连续举行至第五届全国评酒会，共评出国家级名酒17种，优质酒55种；1979年全国第三届评酒会开始，将评比的酒样分为酱香、清香、浓香、米香和其他香五种，称为全国白酒五大香型，之后其他香发展为芝麻香、兼香、凤型、豉香和特型5种，共计称为全国白酒十大香型。从白酒产量看，1949年全国白酒产量仅为

10.8万吨，至1996年发展到顶峰为801.3万吨，是新中国成立初期的80倍，近几年来基本稳定在350万吨左右，全国注册企业达3.7万家，从业人员约几十万。从白酒税利看，每年为国家创税利约120亿元以上，仅次于烟草行业，其经济效益历来是酒类产品的前茅。从白酒科技看，中央组织全国科技力量进行总结试点工作，如烟台酿酒操作法、四川糯高粱小曲法操作法、贵州茅台酿酒、泸州老窖、山西汾酒和新工艺白酒等总结试点，都取得了卓越的成果。业内人士一致认为总结试点就是科研，科研就是发展生产力。从白酒发展看，全国酿酒行业的重点，在鼓励低度的黄酒和葡萄酒，控制白酒生产总量，以市场需求为导向，以节粮和满足消费为目标，以认真贯彻"优质、低度、多品种、低消耗、少污染和高效益"为方向。

第二节 白酒的分类

白酒产品由于地理条件、气候条件、原料品种、用曲、生产工艺、酿酒设备的不同，品种繁多、名称各异，一般可按以下几种方法分类。

一、按生产方法分类

1. 固态发酵法 在配料、蒸粮、糖化、发酵、蒸酒等生产过程中都采用固体状态流转而酿制的白酒，称为固态发酵白酒。固态发酵的酒口感较好，但出酒率低，劳动强度大。目前国内名酒绝大多数是固态发酵白酒。

2. 液态发酵法 液态发酵法白酒，发酵蒸馏均在液体状态下进行，生产相当部分采用酒精生产设备，只是在工艺中加强了蒸馏时的排杂工作。出酒率高，劳动强度低，但酒的口感不好。

3. 生料免蒸煮粮食酒 采用边糖化、边发酵、液态发酵、液态蒸馏的全液态生产工艺。出酒率高，劳动强度低，酒的口感好。

二、按使用原料分类

1. 粮食酒 高粱酒、玉米酒、大米酒，风味优于薯干酒，但淀粉出酒率低于薯干酒。

2. 薯干酒 鲜薯或薯干酒，甲醇含量高于粮食酒。

3. 代用原料酒 以含淀粉较多的野生植物和含糖、含淀粉较多的其他原料制成的酒。如高粱糠、米糠、粉渣、木薯、甜菜、糖蜜酒等。

三、按使用的曲种分类

1. 大曲酒 使用大曲为糖化发酵剂。发酵期长，产品质量好，出酒率低。

2. 小曲酒 使用小曲为糖化发酵剂。与大曲酒相比较，发酵期短，出酒率高。

3. 麸曲酒 以麸曲为糖化剂，另以纯种酵母培养制成酒母作发酵剂，液体发酵和液体蒸馏制得的酒。

4. 大小曲混合酒 大小曲混用。

5. 液体曲酒 以纯种培养的液体曲作糖化剂，纯种培养的液体酵母作发酵剂，液体发酵和液体蒸馏制得的酒。

6. 生料增香型酒曲白酒 以增香型生料酿酒曲种为糖化发酵剂，不再添加任何曲药、防酸剂、糖化剂和其他添加剂等。出酒率高，酒的口感好。

四、按白酒的香型分类

1. 浓香型白酒 亦称泸香型、窖香型、五粮液香型，属大曲酒类。以四川泸州老窖特曲为代表，其主要香气成分是窖香，并有糟香和微量的泥香。

2. 酱香型白酒 亦称茅香型，以贵州茅台和四川郎酒为代表，属大曲酒类。以酱香为主，略有焦香（但不能出头），香味细腻、复杂、柔顺。

3. 清香型白酒 亦称汾香型，以山西汾酒为代表，属大曲酒类。在含有各种芳香物质的比例中，乙酸乙酯是主体，围绕乙酸乙酯构成了各种芳香物质的配合比例使酒味协调。

4. 米香型白酒 亦称蜜香型，以桂林三花酒为代表，属小曲酒类，一般是以大米为原料，小曲作糖化发酵剂，经半固态发酵酿成。

5. 凤香型白酒 凤香型白酒的特点是清而不淡，浓而不艳，酸、甜、苦、辣、香，诸味协调，又不出头。它把清香型和浓香型二者之优点融为一体，香与味、头与尾协调一致，属于复合香型的大曲白酒。代表品牌有陕西西凤酒。

6. 兼香型白酒 以谷物为主要原料，经发酵、贮存、勾兑酿制而成，具有浓香兼酱香独特风格的蒸馏酒。代表品牌有湖北松滋白云边酒。

7. 其他香型白酒 酿酒工艺中由于各种条件的差异或使用生产工艺的不同，而酿制的独具风格的白酒，其他香型的酒较知名的主要有五种：药香型、特型、豉香型、芝麻香型白酒和老白香型。

五、按酒质分类

1. 名优白酒 又分为省（市）、部级、国家级名优酒。
2. 一般白酒 烧酒、土酒、白干酒、二锅头等。

六、按酒度高低分类

1. 高度白酒 酒度为 41～65 度。
2. 低度白酒 酒度一般为 38 度。

> **思考题**
> 1. 什么是白酒？阐述白酒的发展趋势。
> 2. 简述白酒的分类方法。

第一章
白酒酿造的原料和辅料

> **学习目标**

【掌握】 酿酒原料选择方法以及酿酒用水的要求及处理方法。
【了解】 原料、水质分析检测项目及方法。

依据酿酒原理,凡是含淀粉和可发酵性糖或可转化为可发酵性糖的原料均可用来酿酒。原料是酿酒的最基本条件。辅料一般是指固态发酵白酒中的疏松剂(或叫填充料),如糠壳等。酿造用水是酿酒的血脉,古有"名酒出自佳泉",可见水的重要性。因此只有充分了解原辅料及水的性能才能准确合理加以选用,方能达到酿制好酒的目的。

第一节 原 料

传统白酒生产主要使用粮谷原料,在粮谷原料中,高粱占主导地位,其次是大米、小麦、糯米、玉米、大麦、青稞等,不同原料产出的酒风格差别很大;产地不同,粮食的品质成分有所差异,其产品质量和出酒率也不同,因此掌握不同白酒生产原料的特点,有利于有效地提高白酒的质量和产量。

一、白酒生产对原料的要求

1. 原料的选择

原料的选择是决定原料成分和酿酒质量的关键因素之一,原料的选择应遵循的一般原则如下。

① 原料资源丰富,能够大批量的收集,贮藏不易霉烂,有足够的贮存量保证白酒生产使用,且应就地取材,原料价格低廉,便于运输。

② 原料淀粉和糖分含量较高,蛋白质含量适中,脂肪含量极少,单宁含量适当,并含有多种维生素及无机元素,果胶质含量越少越好,以适于白酒生产过程中微生物新陈代谢的需要。

③ 原料中不含土及其他杂质,含水量低,无霉变和结块现象,否则大量杂菌污染酒醅后使酒呈严重的邪杂味。若不慎购进不合格原料必须进行筛选和处理,并注意酒醅的低温入池,以控制杂菌生酸过多。

④ 原料中无对人体有毒、对微生物生长和繁殖不利的成分，如氰化合物、番薯酮、龙葵苷及黄曲霉毒素等。另外农药残留不得超标。

2. 原料的贮存

白酒制曲、制酒的多品种原料，应分别入库。入库前，要求含水量在14%以下，已晒干或风干的粮谷入库前应降温、清杂。粮粒要无虫蛀及霉变。高粱等粒状原料一般采用散粒入仓；稻谷、小米、黍米等带壳贮存，临用前再脱壳；麦粒、麸皮等粉状物料以麻包贮放为好。原料贮存是否合理会直接影响到原料的质量和酿酒的质量。原料贮存应符合的一般原则如下。

① 分别贮存，即按品种、数量、产地、等级分别贮存。

② 注意防雨、防潮、防抛散、防鼠耗。

③ 注意通风防霉变、防虫蛀；加强检查，防止高温烂粮，随时注意品温的变化，对有问题的原料要及时处理。

④ 出库原料"四先用"，即水分高的先用，先入库的先用，已有霉变现象的先用，发现虫蛀现象的先用。

3. 原料的除杂及粉碎

原料在收获时，表面都带有很多泥土、沙石、杂草等，在原料运输过程中有时会有金属之类的物质，若不将这些杂质清理，会使粉碎机等机械设备受到磨损，一些杂质甚至会使阀门、管路及泵发生堵塞，同时杂质的存在会影响到原料的质量及最终酿酒的质量。因此原料在投入生产之前，必须先经预处理。白酒厂常用振动筛去除原料中的杂物，用吸式去石机除石，用永磁滚筒除铁。也有的工厂采用气流输送工艺，对清除铁块、沙石等杂质有较好的效果。

谷物或薯类原料的淀粉都是植物体内的贮存物质，以颗粒状态存在于植物细胞中，受到植物组织与细胞壁的保护，既不溶于水，也不易和淀粉水解酶接触。因此，为了使植物组织破坏，就需要对原料进行粉碎。经粉碎后的粉状原料，增加了原料的受热面积，有利于淀粉原料的吸水膨化、糊化，提高热处理效率，提高出酒率。白酒原料的粉碎采用锤式粉碎机、辊式粉碎机及万能粉碎机。粉碎的方法有湿法粉碎及干法粉碎两种。不同白酒工艺对原料粉碎的要求也不尽相同，为了提高白酒的质量需要根据白酒的特点采取适宜的方法粉碎原料。

二、原料的主要化学组成与酿酒的关系

"高粱产酒香、玉米产酒甜、大米产酒净、糯米产酒绵、小麦产酒冲"，概括了几种原料与酿酒的关系。国家名优大曲酒，是以高粱为主要原料，适当搭配玉米、大米、糯米、小麦及荞麦等原料。不同原料出酒率及所酿制的成品酒的风味也不相同，即使是同一种原料，由于其所含的成分及含量差异，酿造出的成品酒也有所区别，所以原料成分与酿酒具有密切的关系，其中糖类、蛋白质、脂肪、灰分以及果胶、单宁等的含量对酿酒也都有不同程度的影响。白酒生产主要原料成分、主要酿酒原料无机元素及B族维生素含量参考值见表1-1和表1-2。

表1-1 白酒生产主要原料成分

类别	原料名称	样品说明	干物质	糖类	粗脂肪	粗蛋白	粗纤维	粗灰分
禾谷类	高粱	17省市，30个样均值	89.3	72.9	3.3	8.7	2.2	2.2
	稻谷	9省市，34个样均值	90.6	67.5	1.5	8.3	8.5	4.8

续表

类别	原料名称	样品说明	干物质	糖类	粗脂肪	粗蛋白	粗纤维	粗灰分
禾谷类	大米	9省市，16个样均值	87.5	75.4	1.6	8.5	0.8	1.2
	糯米		86.9	73.0	1.4~2.5	5.0~8.0	0.4~0.6	0.8~0.9
	玉米	23省市，120个样均值	88.4	72.9	3.5	8.9	2.0	1.4
	小麦	15省市，28个样均值	91.8	73.2	1.8	12.1	2.4	2.3
	大麦	20省市，49个样均值	88.8	68.1	2.0	10.8	4.7	3.2
	荞麦	11省市，14个样均值	87.1	60.7	2.3	9.9	11.5	2.7
	青稞		87.4	70.3	1.8	10.1	1.8	2.1
薯类	红薯（鲜）	7省市，8个样均值	25.0	22.0	0.3	1.0	0.9	0.8
	红薯干	8省市，40个样均值	90.0	79.9	1.3	3.9	2.3	2.6
	马铃薯（鲜）	10省市，10个样均值	22.0	18.7	0.1	1.6	0.7	0.9
	马铃薯干		84.8	75.3	0.2	5.1	1.9	2.3
	木薯（鲜）		37.8	34.4	0.3	1.2	0.9	0.5
	木薯干		88.0	64.5	2.7	6.0	8.5	6.3
豆类	豌豆	10省市，30个样均值	88.0	55.1	1.5	22.5	5.9	2.9

注：无氮浸出物又称可溶性糖类化合物，主要包括单糖、双糖及多糖（淀粉）。

表1-2 主要酿酒原料无机元素及B族维生素含量参考值

原料名称	干物质/%	磷/%	钙/%	微量元素/(mg/kg)				B族维生素/(mg/kg)				
				铁	铜	锰	锌	硫胺素	核黄素	泛酸	烟酸	叶酸
高粱	89.3	0.31	0.04	109	8.0	20.0	30.0	3.9	1.2	11.0	42.7	0.2
玉米	88.4	0.28	0.03	94	4.6	18.0	5.4	3.7	1.1	5.7	21.5	0.4
稻谷	90.6	0.25	0.05	40	3.3	17.6	1.8	—	—	—	—	—
大米	87.5	0.13	0.01	24	2.2	23.4	17.2	2.2	0.6	—	18.0	—
小麦	91.8	0.33	0.07	50	5.5	45.0	15.0	4.0	1.2	12.8	≤8.4	0.3
大麦	83.8	0.35	0.09	50	7.0	16.3	15.3	5.0	2.0	6.4	57.2	0.4
荞麦	87.1	0.32	0.08	180	8.0	14.0	25.0	3.5	1.1	—	32.0	—
红薯干	90.0	0.12	0.15	100	5.0	6.5	15.0	10.4	0.3	—	4.4	—
马铃薯干	84.8	—	—	52	2.3	3.9	2.1	0.3	0.4	—	10.0	—
豌豆	88.0	0.35	0.10	100	6.3	12.0	50.0	7.3	1.5	—	22.0	—

1. 糖类

原料中含有的淀粉或蔗糖、麦芽糖、葡萄糖等糖类在酶的作用下，发酵生成乙醇。糖类（包括可发酵性糖）含量越高，出酒率越高。此外，它们也是酿酒过程中微生物的营养物质及能源。

（1）淀粉

淀粉是一种复杂的多糖，由几百个到几千个葡萄糖组成，是酿酒原料的主要成分。从理论上讲，每50kg淀粉可生产质量分数为65%的白酒49.26kg。淀粉根据结构分为直链淀粉和支链淀粉，是两种不同类型结构分子的混合物。淀粉的外层主要由支链淀粉构成，支链淀粉的内层主要为直链淀粉。来源不同的淀粉颗粒大小悬殊，最大颗粒的为马铃薯淀粉，最小颗粒的为稻米淀粉。经测定，直链淀粉分子的相对分子质量为20000～2000000，分子结构中只有很少部分是β-苷键，直链淀粉在水溶液中并不是线型分子，而是由分子内氢键作用链卷曲成螺旋状，每个环转含6个葡萄糖残基，直链淀粉不溶于冷水，易溶于温水，在60～80℃的水中发生溶胀，分子从淀粉粒向水中扩散形成胶体溶液，溶液黏度不大，易老化，酶解较完全，遇碘呈蓝色。而支链淀粉则仍保留在淀粉粒中，经测定，支链淀粉相对分子质量为1000000～6000000，分子结构中也有很少部分的β-苷键，纯支链淀粉易分散于冷水中，热水中难溶解，溶液黏度较高，不易老化，糖化过程中易留有具有分支的β-界限糊精，糖化速度较慢，遇碘液呈蓝紫色，每隔8～9个葡萄糖单位即有一个分支。不同来源的淀粉对酸水解难易有差别，马铃薯淀粉较玉米、高粱等谷类淀粉易水解，大米淀粉则较难水解，无定形结构淀粉较晶体结构淀粉易水解，淀粉粒中的支链淀粉较直链淀粉易水解，β-1,4苷键水解速度较β-1,6苷键快。

(2) 五碳糖（$C_5H_{10}O_5$，又称多缩戊糖）

糖类中的五碳糖一般分布在植物的表皮中，由黏质、树胶、果胶、半纤维素组成，酵母不能发酵五碳糖，而且五碳糖在发酵中容易产生醛类物质，对酒质有直接的影响。

(3) 纤维

纤维也属糖类中的一种，在白酒生产中，它主要是起着填充作用。如果加入纤维酶，也可以使其分解成单糖发酵成酒。

2. 蛋白质

在酿酒过程中，原料中的蛋白质经蛋白酶分解，可成为酿酒微生物生长繁殖的营养成分。一般地，当发酵培养基中氮含量合适时，曲霉菌丝生长旺盛，酵母菌繁殖良好，酶含量也高。此外，在发酵过程中蛋白质分解成为各种氨基酸，是高级醇及吡嗪等香味成分的前体物质。例如，氨基酸在微生物作用下水解，脱氨基并释放二氧化碳，生成比氨基酸少一个碳原子的高级醇。但若蛋白质含量过高，易造成生酸多，妨碍发酵，影响产品风味。若氨基酸过量则会使酒有邪杂味，并能生成过量的高级醇（杂醇油），影响酒的质量及卫生指标。因此原料中蛋白质含量要适当，不宜过多。

3. 脂肪

酿酒原料中，脂肪含量一般较低，在发酵过程中可生成少量脂类。通过酵母菌及其他微生物的生化作用，发酵中可产生少量的高级脂肪酸、脂类，这些物质通过白酒贮存老熟中的酯化、氧化作用生成乙酯类香味物质，会使白酒风味更加浓郁。固态小曲白酒含脂类较高的是乙酸乙酯，若油脂过多，对发酵也将带来危害，脂肪含量高，发酵过程中生酸快，生酸幅度大，出酒率低，酒液浑浊，也影响酒的风味。

4. 灰分（矿物质）

灰分是原料经碳化烧灼后的残渣，与酿酒关系不大。灰分中含有多种微量元素，这些元素在某种程度上与微生物的生长相关联，如灰分中的磷、硫、钙、钾等是构成微生物菌体细胞和辅酶的必需成分。但目前小曲酒生产普遍存在的问题是灰分含量太高，直接影响出酒率。

5. 果胶

块根或块茎作物中果胶含量较多，薯类原料（如甘薯、木薯等）比粮食原料果胶质含量高，玉米又比其他粮食原料果胶质含量高。原料中的果胶质在高温蒸煮中水解后，容易生成甲醇和果胶酸，不但对人体有害，而且影响醪液黏度。

6. 单宁

在酿酒原料中，高粱、橡子中单宁含量最高，单宁有涩味，具有收敛性，遇铁生成蓝黑色物质，能使蛋白质凝固，有澄清作用，会阻碍大曲进行糖化和发酵。微量的单宁有抑制杂菌的作用，不仅可保证发酵的正常进行，还有赋予白酒特殊香气（如生成丁香酸、丁香醛等）的作用；单宁含量过多时，能抑制微生物生长，会使淀粉酶钝化，出现酒醪发黏，并在开大蒸汽蒸馏时会被带入酒中，使白酒带有苦涩味，以致降低出酒率。

7. 其他物质

有的原料中存在一些有碍发酵的成分，如木薯中的氢氰酸、发芽马铃薯中的龙葵素、野生植物中的生物碱。这些成分经蒸煮、发酵过程后大多数可被分解破坏。

三、原料中主要成分的分析

通过原料成分分析检验有利于认识酿酒中香味的形成，辨别哪些是有益成分，哪些是有害成分。原料成分分析是怎样去提高有益成分的含量，降低有害成分的含量以逐渐提高白酒质量，并确保饮酒者安全的基础。原料分析包括取样、物理检查和化学分析。

1. 取样

供分析测试用的试样应保证具有足够的代表性，才能使分析测试结果反映真实的成分。原料的取样应由厂技术检验部门制定专人负责或固定生产人员按规定代理执行。

袋装原料用取样器在2‰～5‰袋中取样。成堆原料在堆的4个对角和中心的上、中、下层取样。取样数量见表1-3。取样后用四分法进行缩分，获得平均试样，谷物或薯干0.5～1kg，薯干片1～2kg。将200～250g装入密闭容器留样以备复查。剩余部分经粉碎，全部通过40目筛（少量未能通过筛子的应直接混入试样中），混匀后用四分法缩分，获100～250g分析用试样。

表1-3 取样数量

原料量/t	取样量/kg		
	谷物或薯干	粉碎原料	鲜薯
30以下	10	4	20
30～60	15	5	30
60以上	20	6	40

2. 物理检查

（1）感官检查

在自然光线明亮的场所详细观察并记述原料色泽是否正常，颗粒是否饱满，有无杂菌污染和病斑霉味或其他异杂味。

（2）夹杂物

测定步骤：称取10kg原料，经过2mm孔径的铁丝筛网筛选，筛网上面是粮食颗粒和秸秆、大粒砂石等杂物。捡出杂物用粗天平（感量0.1g）称量（m_a）。筛网下的是泥沙细粉夹杂粮食细粉，称量（m_b）。同时用斐林滴定法测定原料中淀粉及筛网下细粉中淀粉的含量。具体的计算公式如下：

$$细粉相当于原料量(m_c) = m_b \times \frac{细粉中淀粉含量}{原料淀粉含量}$$

$$夹杂物含量 = \frac{m_a + m_b - m_c}{10 \times 1000} \times 100\%$$

3. 化学分析

(1) 水分的测定

水分在白酒酿造工业中是一个十分重要的分析项目，原料中水分含量多少对粮食品质和保管至关重要。若水分过高，则在贮存过程中容易发霉变质，影响原料出酒率。原料水分测定一般采用烘干法。

① 原理　试样于100~105℃烘箱中干燥，试样失去的质量即为水分的质量。

② 测定步骤　准确称取试样2g（准确至0.0002g），于100~105℃烘至恒重的扁形称量瓶中，放入100~105℃烘箱中干燥3h，趁热盖上盖子，在干燥器中冷却30min，称量。再于同样条件下烘1h，冷却、称量，直至恒重。

③ 计算

$$水分含量 = \frac{m_1 - m_2}{m_1 - m_0} \times 100\%$$

式中，m_0为称量瓶质量，g；m_1为烘干前试样与称量瓶的总质量，g；m_2为烘干后试样与称量瓶的总质量，g。

(2) 淀粉的测定

① 原理　淀粉经酸水解生成葡萄糖，用斐林法测定。斐林试剂由甲、乙两液组成，甲液为硫酸铜溶液，乙液为酒石酸钾钠和氢氧化钠溶液。两液分别贮存，使用时等体积混合。甲、乙两液一经混合，先生成氢氧化铜沉淀，进一步与酒石酸钾钠反应，使沉淀溶解生成酒石酸钾钠铜络合物，络合物中二价铜为氧化剂，使还原糖中羰基氧化，自身则还原生成氧化亚铜沉淀，反应终点用亚甲基蓝指示剂显示。亚甲基蓝也是氧化剂，但其氧化能力比二价铜弱，待二价铜反应完毕，过量1滴还原糖，立即使亚甲基蓝还原，蓝色消失为终点。

② 试剂

斐林试剂：甲液，称取硫酸铜（$CuSO_4 \cdot 5H_2O$）69.3g溶于水并稀释至1L；乙液，称取酒石酸钾钠346g、NaOH 100g溶于水并稀释至1L。

2%（质量分数）HCl溶液：取4.5mL浓盐酸，用水稀释至100mL。

2g/L葡萄糖标准溶液：准确称取于100~105℃烘2h并在干燥器中冷却的无水葡萄糖约2g（准确到0.0002g），溶于水，加5mL浓盐酸，用水定容至1L。

10g/L亚甲基蓝指示剂：1g亚甲基蓝于100mL水中温热溶解。

200g/L NaOH溶液。

③ 测定步骤

a. 斐林试剂的标定　准确吸取斐林甲液、乙液各5mL于250mL三角瓶中，加水20mL，用滴定管加入约24mL 2g/L标准葡萄糖液，其量控制在后滴定消耗约需1mL糖液，摇匀，微沸2min后，加2滴亚甲基蓝指示剂，继续用2g/L标准葡萄糖溶液滴定到蓝色消失为终点。最后的滴定操作应在1min内完成。消耗糖液总量为V（mL）。

校正因子的计算：先求出与10mL斐林试剂相当的标准葡萄糖的克数（F）。

$$F = V \times C$$

式中，C 为葡萄糖标准溶液的浓度，g/mL；V 为滴定消耗葡萄糖标准溶液的体积，mL。再从斐林试剂糖量表1-4中查体积 V 时10mL斐林试剂相当于标准葡萄糖的克数（F_1）。

$$校正因子(f) = \frac{F}{F_1}。$$

表1-4 斐林试剂糖量表（廉-爱农法）

消耗糖液体积/mL	相当葡萄糖量/mg	100mL糖液中所含葡萄糖/mg	消耗糖液体积/mL	相当葡萄糖量/mg	100mL糖液中所含葡萄糖/mg
15	49.1	327	33	50.3	152.4
16	49.2	307	34	50.3	148.0
17	49.3	289	35	50.4	143.0
18	49.3	274	36	50.4	140.0
19	49.4	260	37	50.5	136.4
20	49.5	247.4	38	50.5	132.9
21	49.5	235.8	39	50.6	129.6
22	49.6	225.5	40	50.6	126.5
23	49.7	216.1	41	50.7	123.6
24	49.8	207.4	42	50.7	120.8
25	49.8	199.3	43	50.7	118.1
26	49.9	191.8	44	50.8	115.5
27	49.9	184.9	45	50.9	113.0
28	50.0	178.5	46	50.9	110.6
29	50.0	172.5	47	51.0	108.4
30	50.1	167.0	48	51.0	106.2
31	50.2	161.8	49	51.0	104.1
32	50.2	156.9	50	51.1	102.2

b. 水解糖液制备 准确称取试样1.5～2g（准确至0.0002g）于250mL三角瓶中，加2%（质量分数）HCl溶液100mL，轻摇，使试样分散不粘瓶底，瓶口安装回流冷凝器或1m左右的长玻璃管，于沸水浴中水解3h，冷却后用200g/L NaOH中和至pH值为6～7（约耗碱11mL，用pH试纸试验）。经过脱脂棉过滤，滤液接收在500mL容量瓶中，洗净残渣，用水定容至刻度。

c. 糖的测定 预试：准确吸取斐林甲液、乙液各5mL于250mL三角瓶中，加水20mL、亚甲基蓝指示剂2滴，在沸腾状态下用上述水解糖液滴定到终点，消耗体积为 V'（mL）。正式滴定：吸取斐林甲液、乙液各5mL，加入（20mL+25mL−V'）水和（V'−1mL）水解糖液，煮沸2min，加2滴亚甲基蓝，继续用水解糖液滴定至蓝色消失，消耗水解糖液总体积 V（mL）。

d. 计算

$$淀粉含量 = \frac{C}{100} \times f \times 500 \frac{1}{m} \times 0.9 \times 100\%$$

式中，f 为斐林试剂的校正因子；C 为消耗水解糖液体积查斐林试剂糖量表，求得 100mL 水解糖液中葡萄糖含量，g；500 为水解液稀释的总体积，mL；m 为试样质量，g；0.9 为葡萄糖换算成淀粉的系数。

e. 讨论　酸水解法测得的淀粉含量还包括试样中半纤维素、多缩戊糖等成分，故称粗淀粉；斐林法中反应极为复杂，必须在相同的操作条件下进行，这些条件主要有加热煮沸条件、滴定速度、终点控制、反应液体积等。

(3) 含单宁量高的原料中的淀粉的测定

① 原理　野生植物如橡子等代用原料，单宁含量较高，经过酸水解后产生还原性物质也能被斐林试剂还原，使淀粉测定结果偏高，所以应先用乙酸铅将沉淀除去。

② 试剂

乙酸铅澄清剂：称取乙酸铅 250g，加水 500mL 充分溶解，取上清液使用。

除铅剂：称取磷酸氢二钠 70g，草酸钾 30g，溶于水并稀释至 1L。

③ 测定步骤

除单宁：准确称取试样 2～3g 于 250mL 三角瓶中加酸水解，用碱中和（同粗淀粉测定）。然后移入 250mL 容量瓶，滴加乙酸铅至不再产生沉淀并稍过量，用水稀释至刻度、摇匀，用干滤纸滤入干燥的烧杯中。吸取滤液 50mL 于 100mL 容量瓶中，滴加除铅剂至不再有沉淀产生并稍微过量。用水稀释至刻度，摇匀。用干滤纸过滤，滤液为供试水解糖液。

糖量测定：同淀粉测定。

④ 计算

$$\text{淀粉含量} = \frac{G}{100} \times f \times \frac{100}{50} \times 250 \times \frac{1}{m} \times 0.9 \times 100\%$$

式中，G 为由滴定体积 V 查表所得糖液浓度，g/100mL；50 为吸取滤液体积，mL；100 为加除铅剂后试液体积，mL；250 为加澄清剂后试液体积，mL；m 为试样质量，g；其余符号均同淀粉计算。

(4) 蛋白质的测定

蛋白质是白酒生产过程中微生物必需的氮源，原料中蛋白质含量高低对白酒品种和质量有很大影响。

① 原理　蛋白质的测定常用凯氏法。试样在硫酸铜、硫酸钾存在条件下与硫酸共热消化，使蛋白质分解产生硫酸铵。然后碱化蒸出游离氨，由硼酸溶液吸收，以甲基红-溴甲酚绿为指示剂，用标准酸滴定，进行定量。在消化过程中，以硫酸铜为催化剂，硫酸钾用于提高硫酸的沸点，使之达到 400℃。当氧化不完全时，加入过氧化氢可增加氧化能力，促使有机酸分解。

② 溶剂

a. 浓硫酸。

b. 混合催化剂，10g 硫酸铜与 100g 硫酸钾研磨均匀。

c. 400g/L NaOH 溶液。

d. 20g/L 硼酸溶液，称取硼酸 20g 溶解于 1L 水中。

e. 混合指示剂，分别配制 0.1% 的溴甲酚绿与甲基红乙醇溶液，然后溴甲酚绿与甲基红按体积比 10∶4 混合使用。

f. 0.1mol/L 硫酸溶液 $\left(\frac{1}{2}H_2SO_4\right)$：量取 2.8mL 浓硫酸，置入水中并稀释至 1L，用

0.1mol/L NaOH 标准溶液标定其浓度。

③ 测定步骤

a. 消化　准确称取试样 2g（准确至 0.0002g），置入 250mL 凯氏烧瓶中。加入 10g 混合催化剂和 20mL 浓硫酸，摇匀，将瓶倾斜，瓶口放一小漏斗，在通风橱中加热消化，先用文火加热至泡沫停止发生，再用大火加热，待溶液透明后继续加热 30min，冷却后移入 100mL 容量瓶中（瓶内先加约 20mL 水）。用水洗涤凯氏烧瓶，洗液并入容量瓶，冷却至室温，用水定容到刻度，摇匀。

b. 碱化蒸馏　吸取消化液 50mL 于 500mL 圆底烧瓶中，加入 200mL 水和几粒素瓷粒。连接蒸馏装置，馏出液管口插入盛有 50mL 20g/L 硼酸溶液和 5 滴混合指示剂的 250mL 三角瓶液面下，摇动下加入 40mL 400g/L NaOH 溶液，轻摇，使内容物混合均匀，此时溶液应呈强碱性。加热蒸馏蒸出约 100mL。

c. 滴定　用 0.1mol/L 硫酸 $\left(\frac{1}{2}H_2SO_4\right)$ 滴定上述馏出液，颜色由绿色变为灰色为终点，消耗硫酸的体积为 V（mL）。在相同条件下做试剂空白试验。滴定消耗硫酸的体积为 V_0（mL）。

d. 计算

$$总氮(绝干计，\%) = (V - V_0) \times c \times 0.014 \times \frac{100}{50} \times \frac{1}{m} \times 100 \times \frac{1}{1-w}$$

式中，c 为硫酸 $\left(\frac{1}{2}H_2SO_4\right)$ 溶液的浓度，mol/L；0.014 为消耗 1mL 1mol/L 硫酸 $\left(\frac{1}{2}H_2SO_4\right)$ 标准溶液相当于氮的克数；50 为吸取消化液的体积，mL；100 为消化液的总体积，mL；m 为试样的质量，g；w 为试样水分的质量分数，%。

$$蛋白质(绝干计，\%) = 6.25 \times 总氮(\%)$$

(5) 脂肪的测定

原料中脂肪也是白酒生产过程中微生物发酵的碳源之一，它还可以形成白酒中必要的香味成分。

① 原理　脂肪的测定采用索氏提取法。脂肪经有机溶剂如乙醚、石油醚等提取，蒸发有机溶剂，残渣即为脂肪。在抽提过程中，原料中的其他脂溶性物质，如挥发油、树脂类、部分有机酸和色素等也被抽出，故称为粗脂肪。

② 试剂

a. 无水乙醚：乙醚中必须无水，否则会将试样中糖和无机物抽出，使结果偏高。

b. 无水乙醚的脱水方法：在 1L 乙醚中加入 50g 无水硫酸钠或无水石膏，振荡，静止过夜后，重新蒸馏。

③ 测定步骤　准确称取干燥后的试样 2~5g（准确至 0.0002g），用滤纸包裹后放入滤纸筒内（也可用 15cm×8cm 定性滤纸自制，以脱脂白线扎住后代用）。滤纸筒的上口不高于回流管。用脱脂棉封口后，放入索氏脂肪抽提器的浸取管中，抽提瓶中放入约 2/3 体积的无水乙醚（该抽提瓶应预先用无水乙醚洗涤并烘干至恒重）。在 80℃ 水浴上加热抽提 4h。抽提速度为 1h 虹吸 6~8 次。抽提完毕，继续在水浴上加热回收乙醚，待抽提瓶中溶剂干涸后，取下瓶子，在水浴上蒸除残余乙醚后，在 100~105℃ 的烘箱中烘干 1h，称量，再烘干 1h，称量直至恒重。

④ 计算

$$脂肪含量 = \frac{m_1 - m_0}{m} \times 100\%$$

式中，m_1 为抽提物和瓶的总质量，g；m_0 为抽提空瓶的质量，g；m 为试样的质量，g。

(6) 纤维素的测定

① 原理　试样经过酸、碱处理后，使淀粉、半纤维素、蛋白质等成为可溶性物质而被除去，残余的纤维素和植物膜壁等称重定量，故称为粗纤维。

② 试剂

a. 1.25%（质量分数）硫酸溶液：量取 7.1mL 浓硫酸，缓慢倒入水中，并用水稀释至 1L。

b. 12.5g/L NaOH 溶液：称取 12.5g NaOH，用水溶解并稀释至 1L。

c. 乙醇。

d. 乙醚。

③ 测定步骤

a. 除脂肪　准确称取试样 2～3g（准确至 0.0002g），置于 500mL 带盖三角瓶中，加入 100mL 乙醚，盖严、摇匀后静置过夜，以除去脂肪。用倾泻法倒出乙醚层。再用乙醚 50mL 洗涤残渣后倾出，残存少量乙醚在水浴上蒸发除去（或直接用粗脂肪测定中乙醚抽提后的残渣）。

b. 酸处理　将残渣置入 500mL 烧杯中，加入 200mL 1.25%硫酸溶液，盖上表面皿，煮沸 30min，用 1 号耐酸玻璃过滤器抽滤，用热水洗涤残物至呈中性。

c. 碱处理　用 200mL 1.25% NaOH 溶液将玻璃滤器上的残物转移至 500mL 烧杯中，盖上表面皿，煮沸 30min，用古氏坩埚抽滤，热水洗涤至呈中性，再用乙醇、乙醚洗涤。然后在 100～105℃下烘烤至恒重（m_1），再于 500～550℃灼烧至恒重（m_2）。

注：古氏坩埚内铺先后经 50g/L NaOH 溶液和 (1+3) HCl 溶液处理并灼烧过的石棉纤维层。

④ 计算

$$纤维素含量 = (m_1 - m_2) \times \frac{1}{m} \times 100\%$$

式中，m 为试样的质量，g；$m_1 - m_2$ 为纤维素的质量，g。

四、白酒酿造原料

白酒酿造原料较为广泛，大致分为三大类，分别是淀粉质原料、含糖质原料和纤维原料。

(一) 淀粉质原料

淀粉质原料是白酒酿造的主要原料。

1. 谷类原料

(1) 高粱

高粱又称红粮、高粮、蜀黍等，禾本科植物，亦称芦粟，原产地为我国东北，广泛分布于全国各地，因耐旱、耐涝、抗盐碱，适宜在贫瘠的土地生长。因产地气候条件不同，通常高粱含水分 12%～14%，含淀粉 62%～65%，含粗蛋白质 9.4%～10.5%，含五碳糖约

2.8%（高粱糠皮含五碳糖 7.6%）。其中部分五碳糖在分析时亦作粗淀粉计，但实际上很难被发酵。高粱选料时要求颗粒饱满，无杂质、无霉烂。不同高粱品种主要成分见表1-5。

表 1-5　不同高粱品种主要成分间的差异　　　　　　　　　　　　　　　单位：%

品种或名称	水分	粗淀粉	粗纤维	半纤维	粗蛋白	粗脂肪	单宁	灰分
北方高粱	13.80	63~64	1.30	—	8.90	3.80		
东北高粱17种平均	13.13	62.46						
泸州糯高粱	13.87	61.31	1.84	5.81	8.41	4.32	0.16	1.47
晋杂5号	13~14	64~65						
永川糯高粱	12.78	60.03	1.64		8.26	4.06	0.29	1.75

高粱按色泽可分为白高粱、青高粱、黄高粱、红高粱、黑高粱几种，颜色的深浅反映其单宁及色素成分含量的高低。按黏度分为粳高粱和糯高粱两类，北方多产粳高粱，南方多产糯高粱，北方大曲酒多用粳高粱，粳高粱含有70%~80%支链淀粉，20%~30%的直链淀粉，粳高粱的直链淀粉与支链淀粉之比近于1:3，结构较紧密，蛋白质含量高于糯高粱，通常将粳高粱称为饭高粱。糯高粱几乎全为支链淀粉（80%~95%），仅含有5%~10%的直链淀粉，糯高粱的直链淀粉与支链淀粉之比近于1:17，结构较疏松，非常适于根霉生长，以小曲制高粱酒时，糯高粱有利于糊化，开始糊化温度为62℃，糊化完结温度为72℃。四川、贵州名酒（如茅台、川酒）多以糯高粱为原料，原因在于出酒率高，酒质好。有研究显示，高粱品种不同，其籽粒成分存在一定的差异，酿酒的工艺参数要做出相应的调整，只有掌握了粳高粱的特征，选用红粒种，调节原料配比，稍加改进发酵工艺，粳高粱的某些弱点可以克服，其产酒量和酒质可以接近糯高粱的指标。

高粱内容物多为淀粉颗粒，高粱淀粉在胚乳内部，外有一层由蛋白质及脂肪等组成的胶粒层，淀粉颗粒呈多角形，中心有核点，最大的淀粉颗粒直径可达30μm。高粱的半纤维含量约为2.8%。高粱壳中的单宁含量在2%以上，但籽粒仅有0.2%~0.3%。微量的单宁及花青素等色素成分经过一段时间的蒸煮与发酵之后，会生产出一种含有香兰酸的物质，这种物质能够给予白酒特别的香味，使得白酒的香气更具有别样的味道；但若单宁含量过多，则抑制酵母发酵，并在开大气蒸馏时会被带入酒中，使酒带有涩味。在固态发酵中，高粱经蒸煮后，疏松适度，熟而不黏，利于固态发酵生产大曲酒。但在液态发酵中，由于黏度大，疏松、搅拌都有一定困难，因此需要先经淀粉酶进行液化。某些杂交高粱种皮较厚，质地坚硬，果胶质和生物碱含量较高，酿酒时必须严格破碎，掌握蒸煮条件，做到"熟而不黏，内无生心"，方能保证酿酒质量。

高粱适宜在低温、干燥的环境下贮存。调查发现如果贮存的高粱杂质多，水分高，则在贮存中易引发发热。高粱发热迅速，在15天内就可能导致高粱结块、霉变。有的企业采用不锈钢夹层保温罐，符合标准的高粱才能入库，入仓后定期倒仓，通风换气。

（2）玉米

玉米又称玉蜀黍，苞谷，品种很多，玉米有黄玉米和白玉米、糯玉米和粳玉米之分。黄玉米俗称"金皇后"，白玉米俗称"白马牙"，通常黄玉米的淀粉高于白玉米，淀粉主要集中在胚乳内，颗粒结构紧密，质地坚硬，蒸煮时间宜长才能使淀粉充分糊化，经蒸煮后的玉米，疏松适度，不黏糊，有利于发酵。通常玉米含淀粉65%，粗蛋白8%~9%，粗脂肪3.9%~4.2%，其中胚芽含油率高达15%~40%，粗纤维1.3%~1.7%，灰分1.1%~

1.3%。玉米胚芽油脂、种皮、玉米轴等有特有的玉米气味，会给白酒带来异味，玉米的蛋白质及脂肪高于其他原料，特别是胚芽中脂肪含量高达30%～40%，在发酵中难被微生物所利用，易使酒中高级脂肪酸乙酯的含量增高，加之蛋白质高而杂醇油生成量多，导致白酒邪杂味重，降低出酒率，并因其籽粒坚硬难以糊化透，所以纯玉米原料酿制的白酒不如高粱酿出的香醇（玉米酒闻香上有明显的脂肪发酵味，多数人不是很喜欢，故玉米只能酿制普通白酒）。若利用带胚芽的玉米制白酒，则酒醅发酵时生酸快、生酸幅度大，并且脂肪因氧化而影响酒质，因此酿制清香型白酒不提倡使用玉米原料，若用于制白酒，玉米必须脱去胚芽，酿造清香型白酒为除去玉米味常采用干法和湿法脱胚；另外玉米中含有大量的五碳糖胶，其中戊糖和戊糖胶是白酒中生成糠醛的主要物质。许多酵母不能完全利用五碳糖，加之玉米淀粉难以蒸煮糊化，用玉米固态法蒸粮时间必须稳定在1h以上，所以虽然玉米比高粱淀粉含量高，但出酒率未必就高。玉米淀粉颗粒形状不规则，呈玻璃质的组织状态，玉米的淀粉颗粒约15μm，糊化温度62～73℃，质地坚硬，难以蒸煮，但一般粳玉米蒸煮后不黏不糊，玉米中的果胶质中含有甲氧基（R—COOCH$_3$），在蒸煮过程中分解成果胶酸和甲醇，因此白酒中的甲醇应主要来自蒸煮过程的果胶质分解。玉米中含有较多的植酸（$C_6H_{18}O_{24}P_6$），是工业微生物的理想原料，可发酵为环己醇及磷酸，前者使酒呈甜味，两者都能促进酵母菌生长及酶的代谢与甘油（丙三醇）的生成。多元醇具有明显的甜味，故玉米酒较为醇甜。同时玉米在蒸煮后疏松适度，不黏糊，有利于发酵，因此玉米酒醇甜干净。不同地区玉米成分含量不同，但主要成分含量适中。玉米的半纤维素含量高于高粱，常规分析时淀粉含量与高粱相当，但出酒率不及高粱。

研究表明，玉米含有60多种挥发性成分，包括C_1～C_9的饱和醇及1-辛烯-3-醇、4-庚烯-2-醇；C_2～C_9的饱和醛；C_6～C_9的饱和甲基酮及4-庚烯-2-酮；芳香族化合物及2-戊基呋喃，可见白酒中芳香族化合物有些来源于玉米。

(3) 大米

大米又称稻米、稻谷等。小曲米香、小曲清香等白酒常以大米为酿酒原料，大米质地纯净，大米成分以淀粉为主，占68%～73%，蛋白质、脂肪含量少，粗蛋白含量为6.6%～7.3%，粗脂肪含量为0.6%～2.4%，粗纤维含量为0.3%～0.8%，灰分0.7%～1.2%。大米淀粉颗粒极小（4～6μm），呈多角形，糊化温度为64～71℃，容易蒸煮糊化，是生产小曲酒的最佳原料之一，有利于低温缓慢发酵，成品酒质较纯净，大米中淀粉分布在胚乳层中。胚乳细胞淀粉复粒密集、每个淀粉复粒含50～80个淀粉单位，大米有粳米和糯米之分，一般粳米的蛋白质、纤维素及灰分含量较高，而糯米的淀粉和脂肪含量较高，一般晚熟稻谷的大米蒸煮后较软、较黏；粳米淀粉结构疏松、利于糊化，但如果蒸煮不当而太黏，则发酵温度难以控制，大米在混蒸混烧的白酒蒸馏中，可将饭的香味带入酒中，酒质爽净。大米中含有少量的糊精及糖分，在米粒的糠皮内含有较多的粗蛋白。在米糠内还含有一定量的脂肪，但作为酿酒原料，脂肪含量较高，酒质将受到一定影响。糯米淀粉结构疏松，利于糊化。故五粮液、剑南春等均配有一定量的粳米；桂林三花酒、玉冰烧、长乐烧等小曲酒以粳米为原料。糯米质软，蒸煮后黏度大，故须与其他原料配合使用，使酿成的酒具有甘甜味。如五粮液、剑南春等均使用一定量的糯米。小曲生产是以大米、高粱等淀粉含量较高的谷物为原料，采用固态或半固态半液态发酵和蒸馏，主要流行于川、黔、滇和两广一带。四川的文君酒厂在20世纪80年代前全用带壳稻谷来酿造白酒，曾取得过较好的成效，该厂将稻谷粉碎后直接作为原料，降低了大米的使用量。

(4) 小麦

常见的有黄白色、黄色和金黄色，小麦颗粒由皮层、胚和胚乳三部分组成。小麦胚乳是制粉的基本成分，占全麦粒质量的80%以上，其主要成分是淀粉，其次是蛋白质。因为小麦中含有丰富的面筋质，黏着力强，营养丰富，适于霉菌生长，所以它是制曲的最好原料，并且对酿酒微生物繁殖、产酶有促进作用。纯小麦曲酿制的白酒，口感柔爽丰满，区别于大麦的纯正清香。老白干酒的风格特点主要因纯小麦曲而在清香型酒类中独树一帜。宝丰酒的大曲原料中，除大麦、豌豆外，尚配比40%的小麦，加小麦粉踩制的曲坯，比大麦、豌豆大曲来火、排除曲心的水分更容易，更能弥补大麦、豌豆曲的制曲工艺不足，因此宝丰酒的质量风格，既有别于汾型大曲白酒，也有别于老白干型大曲白酒，是在保持清香纯正风格特点的基础上，更增加了酒体的柔和丰满的特点。由此可见，任何一种酿酒原料及其配比的变更，都可直接影响清香型白酒的质量和风味。五粮液生产原来使用荞麦，但因去壳不尽而使酒苦涩味较重，故改用小麦。小麦中的糖类约占70%，除淀粉外，还有少量的蔗糖、葡萄糖、果糖等（其含量为2%~4%），以及2%~3%的糊精。小麦的蛋白质含量约为15%，粗脂肪约为2%，粗灰分约为1.5%，水分12%。小麦的淀粉颗粒20~22μm，糊化温度64~71℃。其蛋白组分以麦胶蛋白和麦谷蛋白为主，麦胶蛋白中以氨基酸为多（20多种）。这些蛋白质可在发酵过程中形成香味成分，丰富酒的风味。小麦还含有较多的维生素及K、P、Ca、Mg、S等矿物元素，是优良的天然物料。五粮液、剑南春等均使用一定量的小麦，但小麦的用量要适当，以免发酵时产生过多的热量，五粮液酒厂用小麦作原料始于20世纪50年代后期，酒质明显提高，效果越来越好，形成了特殊的风格，1963年全国第二届评酒时，一举夺冠，成为国家名白酒的第一名，影响深远。研究表明小麦挥发性成分比较单纯，主要为C_1~C_9的饱和醇、C_2~C_{10}的饱和醛、个别不饱和醛、C_2~C_7的饱和脂肪酸及少量的乙酸乙酯。

小麦的采购标准：颗粒饱满，无虫蛀，无霉烂；杂质≤1%，水分≤13.5%，淀粉≥61%。制曲使用时要将麦皮压成薄皮（俗称梅花瓣），将麦心压成细粉。未通过20目筛的粗粒及麦皮占50%~60%，通过20目筛的细粉占40%~50%（大多数北方酿酒企业要求）。小麦的贮存与高粱相比较容易，因为小麦具有较高的耐热性，但小麦易受虫害。在水分安全的基础上，可进行高温密闭自然缺氧的方法保存。有条件的可采用不锈钢夹层保温罐贮存。

(5) 大麦

大麦也叫饭麦、稞麦、赤膊麦，为禾本科植物，大麦耐寒性强，生长期短，可种植于海拔3000m以上的地区，在我国许多地区都有种植。栽培大麦根据大麦穗的式样，可分为六棱大麦和二棱大麦。六棱大麦多用于制造麦曲，二棱大麦供制麦芽和酿造啤酒。栽培大麦又分为皮大麦（带壳的）和裸大麦（无壳的），农业生产上所称的大麦指皮大麦，裸大麦在不同地区有元麦、青稞、米大麦之称。

大麦中含有各种酶类，如淀粉酶、蛋白分解酶、脂化酶等。较多的α-淀粉酶和β-淀粉酶为制曲中微生物在曲坯生长繁殖提供了先决条件。同样，大麦经微生物利用可产生香兰素，香兰素赋予白酒特殊香味。研究表明大麦受热时生成的挥发性组分较多，有醇、酸、酚、酮及内酯、呋喃、吡啶、吡嗪类化合物，其中羰基化合物、内酯类及吡嗪类化合物含量较高。大麦中存在的蛋白质主要是非水溶性的无磷高分子简单蛋白质。大麦是清香型大曲白酒的主要制曲原料，也可与高粱组合酿造多粮型清香白酒，也是西凤酒和江淮浓香型白酒的主要制曲原料之一，大麦有清香风格，制曲和酿酒两用又可突出清香风格。但大麦的用量要得当，以免发酵时产生过多的热量。大麦的淀粉含量因种而异，内蒙古大麦皮壳少，淀粉含量高，黄河滩地大麦皮壳多，淀粉含量少，根据不同品种、产地和贮藏方法，含水量在11.9%～14%，粗淀粉在61%～65%，粗蛋白在7.2%～9.8%，粗脂肪在1.8%～2.8%，粗纤维在7.2%～7.9%，灰分在3.44%～4.22%。大麦粉碎料质地疏松，营养丰富，适合于多种微生物生长繁殖，大麦与豌豆粉碎料以6∶4配比，踩制的大曲可使来火快慢、排水难易相互弥补，取长补短，是汾型清香型大曲白酒最理想的制曲原料配比。大曲酒以大麦、小麦、豌豆等原料经制曲工艺制成块状大曲为糖化发酵剂，进行复式固态发酵，发酵期为15～120d，再固态蒸馏，经3个月至3年的后熟成为产品，它是白酒的代表，名白酒绝大多数用此法生产，产量约占白酒的20%。

（6）小米、黄米

小米又名粟，禾本科狗尾草属，是我国北方的一种主要粮食作物，其营养丰富。根据中国医学科学院卫生研究所编著的《食物成分表》，每百克食部（质量分数）：水分11%，蛋白质9.7%，脂肪1.7%，糖类76.1%，粗纤维0.1%。此外，还含有维生素B_1 0.57mg/100g，维生素B_2 0.12mg/100g，Ca 29mg/100g，Mg 93.1mg/100g，Fe 4.7mg/100g，胡萝卜素0.19 mg/100g。小米中蛋白质含量略高于大米和玉米，且人体必需的8种氨基酸与小麦、大米相比除赖氨酸稍逊色外，其他7种都超过了小麦、大米，尤其是色氨酸和蛋氨酸最为突出。用小米加水加热煮熟后，在特定条件下，利用微生物的作用，经糖化发酵等工艺处理，可生产小米黄酒、调料酒。

糜子是我国主要制米作物之一，脱壳之后称为黄米，是西北方地区主要食物。黄米又称黍、糜等，禾本科黍属。分粳、糯两种，我国包头、东胜、榆林、延安一线（东经110°）以东地区，主要栽培糯性糜子，越向东延粳性糜子种植的数量越少；在辽宁、吉林和黑龙江，几乎不种粳性糜子，该线以西地区，主要栽培粳性糜子，越向西延伸糯性糜子种植的数量越少，在青海、新疆，几乎不种糯性糜子。糯种的淀粉、蛋白质、脂肪均比粳种高，黄米中蛋白质含量相当高，特别是糯性品种，其含量一般在13.6%左右，最高可达17.9%。糜子籽粒中人体必需8种氨基酸的含量均高于小麦、大米和玉米，尤其是蛋氨酸，每100g小麦、大米、玉米分别为140mg、147mg和149mg，而糜子为299mg，是小麦、大米和玉米的1倍多。黄米与大米中主要营养成分、维生素含量、大量元素及微量元素的比较见表1-6～表1-9。

表1-6　黄米与大米主要营养成分比较　　　　　　　　　　　单位：%

样　品	蛋白质	脂　肪	糖　类	膳食纤维	灰　分
榆糜2号（粳性）	13.6	3.70	68.0	1.19	1.56
榆糜1号（糯性）	14.5	4.05	70.33	1.28	1.22
榆林大米	7.4	0.80	77.0	0.28	0.50

表1-7　黄米与大米维生素含量比较　　　　　　　　　　　单位：mg/100g

样　品	维生素B_1	维生素B_2	β-胡萝卜素
榆糜2号（粳性）	1.270	0.1080	0.200
榆糜1号（糯性）	0.903	0.1100	0.176
榆林大米	0.273	0.0239	0.140

表 1-8 黄米与大米大量元素含量比较 单位：mg/kg

样 品	锰	镁	钠	钙	钾
榆糜 2 号（粳性）	3.80	698.4	51.01	14.3	201.5
榆糜 1 号（糯性）	12.56	737.4	72.62	218.3	1380.9
榆林大米	5.95	15.8	9.36	19.1	188.4

表 1-9 黄米与大米微量元素含量比较 单位：mg/kg

样 品	铜	锌	铬	硒
榆糜 2 号（粳性）	5.35	30.94	0.363	0.0190
榆糜 1 号（糯性）	8.78	37.60	0.470	0.0130
榆林大米	1.06	11.14	0.288	0.0068

以上两种谷物均可作为清香型白酒多粮发酵的配粮，酒质多醇厚，其颖壳为优质辅料，赋予酒质特有的醇香。

(7) 青稞

青稞是我国藏区人民对当地裸大麦的俗称，在青藏高原上种植约有 400 万年的历史，从物质文化延伸到精神文化领域，在青藏高原上形成了内涵丰富、极富民族特色的青稞文化。青稞是禾本科大麦属的一种禾谷类作物，因其内外颖壳分离，籽粒裸露，故又称裸大麦、元麦、米大麦，主要产自中国西藏、青海、四川、云南等地，是藏族人民的主要粮食。青稞是大麦的一个变种，营养成分比大麦更加丰富。青稞按其棱数来分，可分为二棱、四棱和六棱青稞，我国主要以四棱裸大麦和六棱裸大麦为主。青稞是一种很重要的高原谷类作物，耐寒性强，生长周期短，高产早熟，适应性广（可种植于海拔 3000m 以上地区）。青稞颜色有灰白色、灰色、紫色、紫黑色等。清香型青稞酒类，风格独特，是以原料而命名的清香型白酒。青稞籽粒粗蛋白含量约为 10.1%，高于许多谷类作物，纤维素含量 1.8% 左右，低于小麦但高于其他谷类作物，矿物质和维生素均比其他的谷类作物高。脂肪含量偏低，糖类含量低于其他谷类作物，具体见表 1-10。青稞淀粉成分独特，通常含有 74%～78% 的支链淀粉，有些甚至高达或接近 100%，是酿酒的好原料。我国少数民族历来就有青稞酿酒的传统。第一批获得"全国地理标志产品"的青海"互助青稞酒"就是青稞酿酒的典型代表。

表 1-10 青稞与其他谷类原料的化学成分比较（每 100g 含量）

品种	水分/g	糖类/g	蛋白质/g	脂肪/g	纤维素/g	钙/mg	铁/mg	磷/mg	硫胺素/mg	核黄素/mg	尼克酸/mg
青稞	12.6	70.3	10.1	1.8	1.8	83.0	14.5	364.0	0.42	0.01	6.3
小麦	12.0	72.9	11.8	1.9	2.4	43.0	5.9	330.0	0.42	0.10	4.0
玉米	14.0	70.6	8.2	4.6	1.3	17.0	2.0	219.0	0.42	0.14	2.4
高粱	11.4	75.6	8.4	2.7	0.6	7.0	4.1	188.0	0.26	0.09	1.5
大米	14.0	77.3	6.6	0.9	0.3	18.0	2.6	172.0	0.26	0.08	3.7
糯米	14.0	77.5	6.4	0.8	0.3	23.0	2.4	149.0	0.26	0.08	2.6

近年来，青稞酒生产企业在继承古老传统生产工艺的基础上，不断对工艺进行调整、创新，从而提升和改进青稞酒口味，以满足白酒消费者日益提高的消费水平。除引进现代技术

装备、科学配料、精心酿造外，酿酒原料的选择也是极为重要的环节。这是由于，原料青稞的选择不仅决定成品酒的风格特征，其品质、年份及质量特征更是决定产品质量优劣最基本、最重要的因素之一，因此对原料青稞特征的研究，对于指导生产、提高酒质等工艺控制具有极其重要的意义。国内外对于青稞的研究主要集中于青稞的营养潜力、食品和工业利用等，包括蛋白质、脂肪、支链淀粉、氨基酸和矿物质的研究，作为青稞品质的另一重要特征指标——挥发性香味组分对白酒的质量也是至关重要的。尹建军等人采用HS-SPME（顶空固相微萃取）法分析瓦蓝、肚里黄、白青稞、黑老鸭四种青稞样品，利用NIST08谱库对各组分峰的MS（质谱）图谱作检索，将可能的结果与MS标准图谱作比较，并结合组分峰的色谱保留规律加以确认。应用质谱（MS）可对样品成分进行定性分析、定量分析和结构解析，用参照物作峰匹配可以确证样品成分的分子量和分子式，表1-11列有不同产品的定性结果，可以看到，不同种类青稞既有总体的相似度，又有突出的个体差异，掌握青稞中挥发性化合物的种类，研究原料青稞与成品酒的相关性，有利于提高酒类的质量。

表 1-11 四种青稞中挥发性组分

序号	化合物名称	瓦蓝 含量/%	匹配度	肚里黄 含量/%	匹配度	白青稞 含量/%	匹配度	黑老鸭 含量/%	匹配度
	醇类化合物	9.35		11.24		8.99		26.65	
1	2-甲基-1-丁醇	0.09	75	0.17	88	0.17	76	—	—
2	异戊醇	0.07	76	0.35	91	0.29	84	—	—
3	正己醇	2.95	97	5.68	97	2.34	97	3.17	97
4	正庚醇	—	—	—	—	—	—	0.28	90
5	正辛醇	0.74	93	0.82	83	1.69	97	1.29	85
6	正壬醇	1.35	90	0.85	94	1.32	96	0.91	89
7	十一醇	1.14	88	2.60	82	—	—	—	—
8	异植物醇	—	—	—	—	—	—	16.17	97
9	十六醇	3.01	97	0.77	90	3.18	98	4.83	97
	酸类化合物	65.67		46.26		64.15		48.47	
10	乙酸	3.91	97	7.36	97	2.67	86	1.10	96
11	丙酸	0.19	84	—	—	0.29	82	—	—
12	2-甲基丁酸	1.68	84	1.90	82	0.85	92	1.05	84
13	戊酸	1.19	95	0.36	95	—	—	—	—
14	己酸	25.78	98	19.65	97	11.34	98	12.92	97
15	2-乙基己酸	0.94	92	—	—	0.43	95	0.68	93
16	庚酸	1.58	88	—	—	2.13	87	0.89	80
17	辛酸	6.36	88	3.58	88	27.41	98	—	—
18	壬酸	16.84	96	9.18	96	0.66	94	9.80	98
19	己二酸	—	—	—	—	—	—	4.03	79
20	癸酸	3.86	95	2.09	96	9.02	96	6.29	97
21	月桂酸	3.34	96	2.14	87	9.36	97	5.30	96
22	十四酸	—	—	—	—	—	—	6.41	91

续表

序号	化合物名称	瓦蓝 含量/%	瓦蓝 匹配度	肚里黄 含量/%	肚里黄 匹配度	白青稞 含量/%	白青稞 匹配度	黑老鸭 含量/%	黑老鸭 匹配度
	酯类化合物	13.40		37.94		6.89		17.96	
23	辛酸乙酯	—	—	—	—	0.20	94	—	—
24	棕榈酸甲酯	2.31	95	3.19	95	5.36	93	3.90	95
25	棕榈酸乙酯	7.22	91	15.21	93	1.33	85	8.02	89
26	油酸甲酯	—	—	0.59	91	—	—	—	—
27	油酸乙酯	—	—	3.11	85	—	—	—	—
28	亚油酸甲酯	1.00	95	3.20	96	—	—	3.27	94
29	亚油酸乙酯	2.87	94	11.85	94	—	—	2.77	94
30	亚麻酸乙酯	—	—	0.79	93	—	—	—	—
	芳香类化合物	11.21		4.56		7.64		6.39	
31	2-糠醇	3.45	87	—	—	3.32	94	—	—
32	苯甲醇	0.37	94	0.44	89	0.39	94	0.57	95
33	苯乙醇	2.65	97	2.57	97	1.60	97	1.92	97
34	香草醛	4.74	97	1.55	96	2.33	98	3.90	96
	酮类化合物	0.15		0.00		0.00		0.00	
35	2-癸酮	0.15	83	—	—	—	—	—	—
	醛类化合物	0.22		0.00		1.12		0.53	
36	壬醛	0.22	89	—	—	1.12	96	0.53	93

注："—"表示该物质在相应的方法下未检出或为痕量。

(8) 荞麦和苦荞

荞麦又名三角麦、乌麦。它与燕麦、食用豆类、黑米、小米、玉米、麦麸、米糠等并称为我国八大亟待开发的保健食品。荞麦的蛋白质含量较高，其面粉的蛋白质含量为10%～15%，高于大米、小麦、玉米和高粱。荞麦的蛋白质组成不同于一般粮食的组成，主要成分为谷蛋白、水溶性清蛋白和盐溶性球蛋白，苦荞中的水溶性清蛋白和盐溶性球蛋白占蛋白质总量的50%以上，近似于豆类蛋白，荞麦的氨基酸的组成比较合理。荞麦粉含有20种氨基酸，8种必需氨基酸，含量丰富，尤其是精氨酸、赖氨酸、色氨酸、组氨酸含量较高，所以荞麦与其他谷类粮食有很好的互补性。苦荞脂肪与禾谷类粮食作物差别较大，在常温下表现为固态，黄绿色，无异味。荞麦脂肪含量约为3%，和大宗粮食相比不相上下，但脂肪的组成较好，含9种脂肪酸，不饱和脂肪酸含量丰富，其中油酸和亚油酸含量最多，占总脂肪酸的80%左右。荞麦中脂肪酸含量因产地而异，四川荞麦含油酸、亚油酸70.8%～76.3%，而北方荞麦的油酸、亚油酸含量高达80%以上。荞麦的矿物质含量十分丰富，钾、镁、铜、铬、锌、钙、锰、铁等含量都大大高于禾谷类作物，还含有硼、碘、钴、硒等微量元素，但其含量也受栽培品种、种植地区的影响。荞麦镁含量特别高，远远大于其他谷物，因此，摄食荞麦能调节人体心肌活动，促进人体纤维蛋白的溶解，抑制凝血酶的生成，减少心血管病的发病率。荞麦的类黄酮类物质含量高，Dietrych-Szostak等从荞麦种子中分离并确定了6种黄酮物质，分别是芦丁（rutin）、荭草苷（drientin）、牡荆碱（vitexin）、槲皮素（quercetin）、异牡荆碱（isovitexin）和异红草苷（isoorientin），其中存在于面粉中的仅槲皮素和异牡荆碱，而种子壳中则含有所有6种类黄酮物质，由于荞麦壳中的黄酮类物质显著高于种子，因此在加工荞麦产品时不可做得太精。在荞麦种子中淀粉的含量在70%左右。地区和品种间淀粉含量有差异，四川的甜荞、苦荞种子淀粉含量均在60%以下（干基），陕西的甜荞种子淀粉含量在67.9%～73.5%之间，苦荞种子在63.6%～72.5%之间（干基）。荞麦种子的总膳食纤维含量3.4%～5.2%，其中20%～30%是可溶性膳食纤维。

苦荞是荞麦的野生品种，可作为营养保健食品，含有各种氨基酸、微生物、微量元素等，尤其富含黄酮类物质（芦丁）和硒，以及γ-亚油酸，有舒张血管、抗氧化、增强免疫力等功效，有助于治疗糖尿病、前列腺和脑神经疾病等。苦荞麦中的硒含量为0.43mg/kg，硒被证实有许多重要功能。苦荞维生素含量较高，含维生素B_1 0.18mg/g、维生素B_2 0.50mg/g、维生素B_6 0.02mg/g、维生素E 1.347mg/g。苦荞是营养丰富的粮食作物，也是很好的药用作物。

荞麦和苦荞去壳后的面粉含水量11.6%～13.0%，粗淀粉69%～72%，粗蛋白10.5%，粗脂肪2.15%，粗纤维14.5%～14.8%，灰分1.8%～2.1%，淀粉颗粒3～20μm，容易蒸煮糊化，可因地制宜地作为多粮发酵清香型白酒的配粮之一。

2. 薯类原料

甘薯、马铃薯、木薯等都含有大量淀粉，在粮食短缺时期薯类原料是我国白酒生产的主要原料之一。但总体来说，薯类原料的酒质不及谷物原料，在白酒生产中不宜采用。但薯类原料淀粉出酒率高，适于酒精生产，而在酒精生产中采用精馏方法可将不好的杂质除净。

（1）甘薯

甘薯是旋花科甘薯属的一个重要栽培种，为蔓生性草本植物，又名山芋、甜薯、红薯（南方）、番薯、地瓜（北方）、红苕（南方），按肉色分为红、黄、紫、灰4种，按成熟期分为早、中、晚熟3中。甘薯的淀粉颗粒大，组织不紧密，吸水能力强，易糊化。鲜甘薯含粗淀粉25%左右，其中可溶性淀粉约占2%，薯干含粗淀粉70%左右，其中可溶性糖约占7%，红薯干含粗蛋白5%～6%，薯干的淀粉纯度高，淀粉颗粒大，组织松散，含脂肪及蛋白质较少，易糊化，发酵过程中生酸幅度较小，因而淀粉出酒率高于其他原料。但薯中微量的甘薯树脂，对发酵稍有影响，薯干中含有的4%左右的果胶质，是白酒中甲醇的主要来源，成品酒中甲醇含量较高。鲜甘薯易染病，常见的如黑斑病、烂心的软腐病、内腐病、经冻伤的坏死病等，若酿造白酒一定要选择正常的甘薯，且只能酿制普通白酒。薯干多数是用来生产酒精的，经多级蒸馏塔蒸馏，降低杂醇油及甲醇含量。染有黑斑病的薯干，将番薯酮带入酒中，会使成品酒呈"瓜干苦"味。若酒内番薯酮含量达100mg/L，则呈严重的苦味和邪味。用黑斑病严重的薯干制酒所得的酒糟对家畜也有毒害作用。黑斑病薯经蒸煮后有霉味及有毒的苦味，这种苦味物质能抑制黑曲霉、米曲霉、毛霉、根霉的生长，影响酵母的繁殖和发酵，但对醋酸菌、乳酸菌等的抑制作用则很弱。

番薯酮的分子式为$C_{15}H_{22}O_3$，是有黑斑病作用于甘薯树脂而产生的油状苦味物质。对于病薯原料应采用清蒸配醅的工艺，尽可能将坏味挥发掉。但对黑斑病及霉坏严重的薯干，清蒸也难以解决问题。若制液态发酵法白酒可采用蒸馏或复馏的方法，以提高成品酒的质量。对于苦味较重的白酒可采用活性炭吸附法使苦味稍微减轻，但也不能根除，且操作复杂并会造成酒的损失。甘薯的软腐病和内腐病是感染细菌及霉菌所致，这些菌具有较强的淀粉酶及果胶酶活性，可致使甘薯改变形状。使用这种甘薯制酒并不影响出酒率，但在蒸煮时应适当多加填充料及配醅，并采用大火清蒸，缩短蒸煮时间，以免糖分流失和生成多量的焦糖而降低出酒率。使用这种原料制成的白酒风味很差。

(2) 马铃薯

马铃薯是一种集粮食、蔬菜和水果等多重特点于一身的优良作物，有很好的经济和社会价值。马铃薯含有人体所需的必需氨基酸，特别是赖氨酸和色氨酸均高于其他谷类作物；马铃薯含有的维生素 C 高于其他谷类作物；马铃薯含有的钾和镁可满足人们日常需求量的 17% 和 7%；马铃薯含有少量脂肪，可称为低能量食物；马铃薯含有的膳食纤维，能够起到宽肠通便、促进胃肠蠕动、预防脂肪沉积、降低血浆胆固醇、控制体重增加的作用。马铃薯又名洋山芋、土豆。目前我国已在 22 个省、市、自治区种植马铃薯 533.3 万公顷左右，总产量达 8000 万吨，约占世界总量的 26%，是世界马铃薯第一生产大国。以马铃薯为原料采用固态发酵法所制白酒，有类似土腥气味，故通常先以液态发酵法制取食用酒精后，再进行串蒸香醅而得成品酒。马铃薯是富含淀粉的原料，鲜薯含粗淀粉 25%～28%，干薯片含粗淀粉 70% 左右，马铃薯的淀粉颗粒大，结构疏松，容易蒸煮糊化。但应防止一冻一化，以免组织破坏，使有用物质流失并难以糊化。如用马铃薯为原料固态发酵法制白酒，则辅料用量要大。马铃薯发芽呈紫蓝色，其有毒的龙葵苷含量为 0.12% 左右；经日光照射而呈绿色的部分，其龙葵苷含量增加 3 倍；幼芽部分的龙葵苷含量更高。龙葵苷对发酵有危害作用。

(3) 木薯

木薯又名树薯，有野生和人工种植及苦味和甜味木薯之分，木薯是全球三大薯类作物之一，种植面积仅次于马铃薯，大于甘薯，全球有 6 亿多人口以木薯为生。我国南方的广西、广东、福建等地盛产木薯。木薯具备独特的经济价值和生物学适应性。其根块淀粉率高并且特殊，木薯块根淀粉含量一般在 26%～34%，木薯干淀粉含量达 70% 左右，被誉为"淀粉之王"，高于甘薯和马铃薯，可作为酿酒原料，并且淀粉粒较大，透明度、黏度高，是被世界公认的具有很大发展潜力与前途的酒精生产的可再生资源。木薯中的胶质和氰化物较高，因此在用木薯酿酒时，原料需经过一系列的加工程序。如水塘沤浸发酵法，可使皮层含有的氰化物，经过腐烂发酵而消失；石灰水浸泡处理法，可利用碱性破坏氰化物；开锅蒸煮排杂法，可在蒸煮过程中排除氰化物（分离出来的是氰化氢或氢氰酸）。应注意化验成品酒，使酒中所含甲醇及氰化物等有毒物质含量不超过国家食品卫生标准。以木薯为原料制白酒，可以采用以麸曲为糖化剂，酒母为发酵剂进行固态发酵；也可采用液态发酵法生产食用酒精后，再用香醅串蒸得成品酒。淀粉出酒率通常可达 80% 以上。

3. 含淀粉质的代用原料

所谓代用原料就是在特殊情况下，利用当地的资源，代替传统原料，酿造相应的白酒。在农业歉收、粮食供应较为紧张的时期，全国有些酒厂曾经利用过含淀粉的农副产品下脚料，如淀粉渣、高粱糠等制造白酒，也曾设法利用含有淀粉和糖分的野生植物制造白酒，如橡子、土茯苓、蕨根、葛根等，它们经过粉碎等加工程序后，与粮食原料配用，可酿造一般白酒。其缺点是单宁含量较多，单宁对淀粉糖化与发酵的酶类有破坏作用，对酵母菌有抑制作用，不利于白酒的生产，应设法将其除去。

(二) 含糖质原料

含糖质原料是白酒生产的补充原料，如糖蜜、蔗皮及糖渣、甜菜、甜植物秆等原料。

1. 糖蜜

糖蜜是工业制糖过程中，蔗糖结晶后，剩余的不能结晶，但仍含有较多糖的液体残留物，是制糖工业的副产品，是一种黏稠、黑褐色、呈半流动状态的物体。糖蜜的矿物质含量较高，为8%～10%，但钙、磷含量不高，甘蔗糖蜜又高于甜菜糖蜜。矿物元素中钾、氯、钠、镁含量高。一般糖蜜维生素含量低，但甘蔗糖蜜中泛酸含量较高可达37mg/kg，其无氮浸出物中还含有3%～4%的可溶性胶体，主要为木糖胶、阿拉伯糖胶和果胶等。糖蜜主要含有大量可发酵糖（主要是蔗糖），甘蔗糖蜜含蔗糖4%～36%，其他糖12%～24%；甜菜糖蜜所含糖类几乎全为蔗糖，约47%之多，因而糖蜜可作为酿酒的原料。糖蜜经过加工处理，选用强力酵母，经合理的蒸馏操作，可以制得良好的蒸馏白酒。废糖蜜为制糖厂或炼糖厂的一种不可避免副产物，其中含有糖分及其他有机、无机化合物，作为酒精厂或制酒厂的原料，具有价格便宜的特点。

2. 蔗皮及糖渣

甘蔗皮的主要成分有纤维素、半纤维素、木质素、果胶、脂蜡质。甘蔗渣是甘蔗榨汁以后的废弃物，由于我国甘蔗产量大，糖的需求量高，因此我国的甘蔗皮和甘蔗渣产量很大，由于甘蔗皮和甘蔗渣价格低廉，原料丰富，可以缓解原料不足的现状，已被应用于各个领域。甘蔗渣和甘蔗皮中含有丰富的可发酵成乙醇的纤维素和半纤维素，利用产纤维素酶的微生物或纤维素酶将纤维素水解成可发酵性糖，再通过酵母发酵可生成乙醇。20世纪70～80年代，我国甘蔗制糖产区有少量以未能榨尽糖的甘蔗渣为原料发酵生产的糖泡酒，具有巴西、古巴、西班牙等国生产的具有成熟品牌的甘蔗酒——朗姆酒的部分风味。

3. 甜菜

古代西方利用甜菜作药用，古代罗马帝国用甜菜治疗便秘和发烧，用甜菜叶包裹治疗外伤。甜菜根含有碘的成分，对预防甲状腺肿以及防治动脉粥样硬化都有一定疗效。甜菜根的块根及叶子含有一种甜菜碱成分，是其他蔬菜所未有的，它具有和胆碱、卵磷脂类似的生化药理功能，是新陈代谢的有效调节剂，能加速人体对蛋白质的吸收，改善肝的功能。甜菜根中还含有一种皂角苷类物质，它能把肠内的胆固醇结合成不易吸收的混合物质而排出。甜菜根中还含有相当数量的镁元素，有调节血管的硬化强度和阻止血管中形成血栓的功能，对治疗高血压有重要作用。甜菜根中还含有大量的纤维素和果胶成分，据研究发现其中具有一种抗胃溃疡病的功能因子。由于含有铁、铜、锰等元素，甜菜汁还能治疗贫血及伤风等病。甜菜的茎叶、青头、根尾和采种后残留的老母根可作酿造原料。章传华等人研究的红甜菜保健酒是以红甜菜、甜菜碱为主料，以粮食、薯类、糖类蒸馏酒及添加剂为辅料，用不同菌种发酵及不同香料增香，用人工熟化和辐照等快速陈化，保证了大曲型、茅台型、金酒、白兰地、伏特加、朗姆型等多口味、多品种的优质低度醇酒，具有补血、强肝、壮肾抗衰老，降血脂和胆固醇，增强抵抗力等保健功能。

（三）纤维原料

纤维原料需经化学处理，使纤维质转化为糖质后才能在酿酒生产中得到应用，但费用大而且产糖少，是白酒（酒精）生产的不理想原料，如稻草、木屑、棉子壳等。

第二节　辅　料

辅料是白酒生产中除主原料以外的所需材料的统称。辅料的营养成分是生成白酒香味成分的重要组成物质和前体物质，辅料的优劣直接影响到酿酒的质量和风味。因此掌握辅料与酿酒的关系、辅料的种类及特性具有至关重要的作用。

一、辅料与酿酒的关系

1. 辅料作用

（1）界面作用

固态发酵与液态发酵白酒的本质区别在于固态发酵白酒的酒醅有良好的透气性，辅料是白酒固态发酵的填充料，使酒精发酵在厌氧发酵的同时，也有微量的氧气存在，微量好氧发酵的香味物质是兼性厌氧发酵香味物质种类的数倍乃至数十倍或更多。因此，固态发酵酒醅在发酵前期适当暴露在空气中有利于各种香味物质的形成，这也是生产调香调味酒的工艺措施之一。

（2）稀释、填充和提香作用

辅料不仅有透气性，也有吸水性，辅料与淀粉混合，可冲淡酒醅的淀粉浓度；辅料和底醅混合可冲淡底醅的酸度，使入池酒醅控制在适宜的淀粉、酸度和水分范围之内，有利于正常发酵；同时辅料作为填充剂，起到类似填充塔的作用，能增加汽、液交换和热交换的界面，在蒸酒浓缩乙醇的同时，也浓缩了其他香味物质。

（3）升温和生酸作用

实验证明辅料的疏松性能越好，入池酒醅辅料用量越大，或因酒醅的透气性越好，导致酒醅升温和生酸也越快。作为一名优秀的酿酒师，应当多用底醅，少用辅料，在实际生产中有许多生产操作者和管理者，并未准确地认识到多用辅料的危害性，采取退底醅填辅料的办法，不仅使酒醅酸度出现恶性大循环，同时也会由于辅料用量过大造成乳酸及乳酸乙酯比例失调，这是造成酒质苦涩的主要原因。即使辅料经过清蒸排杂，也不可避免地增加了清香型白酒的辅料味或糠杂味，这也是余味欠爽净的主要原因之一。

2. 辅料要求

辅料一般要求新鲜、干燥、无霉味，无明显杂质；具有一定的疏松度及吸水能力；含有某些有效成分以及少量多缩戊糖和果胶质等成分。利用辅料中的有效成分，可调制酒醅的淀粉浓度，冲淡或提高酸度，吸收酒精，保持浆水，使酒醅具有适当的疏松度和含氧量，并增加界面作用，保证蒸馏和发酵顺利进行，利于酒醅正常升温。辅料要有一定的贮存量，辅料较易吸潮变质，运输过程中一定要防雨淋，仓库贮存要防潮，仓库门窗要严密，严防漏雨。如果使用霉变的辅料会使酒质产生怪味，严重影响酒的质量。

3. 辅料的使用原则

辅料的使用与酿酒的产量、质量密切相关，因酿酒工艺、季节、淀粉含量、酒醅酸度等不同而异。酿酒习惯称粮糠比，即辅料占投粮的比例，具体用量列举如下：浓香型大曲酒为22%左右，酱香型茅台酒辅料较少，一般手工操作的麸曲白酒为25%～30%，优质麸曲白酒用量不超过20%。传统工艺中对合理配料的要求如下。

① 按季节调整辅料用量，冬季适当多点，有利于酒醅升温，提高出酒率。

② 按底醅（底糟）升温情况调整辅料用量，每次增减辅料时，应相应地补足和减少量水，以保持入窖水分标准。

③ 按出窖糟醅的酸度、淀粉浓度调整辅料用量。

④ 尽可能减少辅料用量，在出酒率正常的条件下，因季节等原因要减少投粮时，应相

应减少辅料,保持粮糟比一致。

二、辅料的种类

辅料主要是指白酒酿造的填充料,按其作用可分为两大类,一类是利用其成分,如固态或液态发酵均使用的酒糟及液态发酵中使用的少量豌豆、大麦等;另一类则主要利用其物性特点,如稻壳、高粱壳、谷糠等,常用辅料及其特性见表1-12。

表1-12 各种辅料的理化性质比较

名称	水分/%	粗淀粉/%	纯淀粉/%	果胶/%	多缩戊糖/%	松紧度/(g/100mL)	吸水量/(g/100mL)
鲜酒糟	63	8~10	0.2~1.5	1.83	6.0	—	—
高粱壳	12.7	29.8	1.3	—	15.8	13.8	135
玉米芯	12.4	31.4	2.3	1.68	23.5	16.7	360
谷糠	10.3	38.5	3.8	1.07	12.3	14.8	230
稻壳	12.7	—	—	0.46	16.9	12.9	120
玉米皮	12.2	40~48	8~28	—	—	15.6	—
高粱糠	12.4	38~62	20~35	—	—	13.2	320
甘薯蔓	12.7	—	—	5.81	11.9	25.7	335
花生皮	11.9	—	—	2.10	17.0	14.5	250

1. 鲜酒糟

传统固态法白酒生产中产生的废酒糟量很大,除可以继续用作酿酒的辅料(填充料,鲜酒糟干燥后使用)外,还有大量的要做处理,如何合理利用酒糟已成为酿酒界需要面对的现实问题,实现从"资源—产品—废弃物—再生资源—再生产品"的良性循环,是当今"节能减排"的重点。可喜的是目前已有不少成功的经验,且做过不少研究。主要有:一作饲料;二作肥料;三充当制曲辅料;四作锅炉燃料;五作食用菌培养基;六作甲烷发酵液等。实践证明,这些都是行得通的途径。

2. 高粱壳

高粱壳是指高粱籽粒的外壳,其疏松度、吸水性仅次于谷壳,优于稻壳,且价格便宜,使用效果很好,含单宁、花青素等较高,可给白酒带来高粱酒香气。用高粱壳和稻壳作辅料时,酒醅的入窖水分稍低于使用其他辅料的酒醅。著名的西凤酒及六曲香都曾使用高粱壳为辅料,而酿得名优白酒。但高粱壳唯一的缺点是含土杂物多,容易发热霉变,所以使用高粱壳为辅料应使用新鲜颖壳。更应注意防止日晒雨淋,注意过筛,清除土杂和发热霉变结块的杂物,适当延长清蒸排杂的时间,圆汽后清蒸排杂时间不得少于40min。

3. 玉米芯和玉米皮

玉米穗脱去籽粒后的轴,再经锤式粉碎机粉碎后的粉碎料,俗称玉米芯。玉米轴质地坚硬,用锤刀粉碎出的颗粒常大小不等,有较大粗粒和较小细粒,粗粒的比表面积小,细粒的比表面积大,表现的疏松度和吸水性很不一致。使用玉米芯辅料时,由于吸水量大,所以配料时打量水比其他辅料多,入窖化验水分相对比稻壳、高粱壳稍大。但由于玉米芯含大量的五碳糖胶(或多缩戊糖),在酒醅发酵时可能产生较多的糠醛,使成品酒带有严重的焦苦味，另外玉米芯自身也有一种特有的玉米轴气味，使酒质不爽净，所以酿造优质清香型白酒不提倡使用玉米芯，许多清香型白酒厂甚至明令禁止使用玉米芯为辅料。玉米皮是玉米籽粒脱去胚芽和胚乳后的种皮，俗称玉米皮。玉米皮与高粱糠相似，含有少量淀粉。玉米皮在脱皮的同时脱胚，胚芽中含有大量玉米油，使成品酒有玉米味，酿制优良清香型白酒也不提倡使用玉米皮为辅料，但以生产饲料酒糟为主要目的的牲畜养殖业，可大量使用玉米芯或玉米皮为辅料，这时白酒是副产物，酒糟是主产物，这样的发酵酒糟牲畜吃得多，生长快。

为减少成品酒的糠杂味，酿制清香型白酒必须减少辅料用量，注意清蒸排杂。清蒸原辅料是清香型白酒酿造的主要工艺特点之一。清蒸原辅料也必须从源头抓起，首先原辅料的入库水分不宜高于13%～14%，否则容易发热霉变，结疙瘩。特别是辅料不能露天堆放，蔽棚堆放的辅料也要避免被风吹雨淋，带进土杂物，使用前需经过筛处理。原粮交库前应检测水分，水分超标者需经翻晒或烘干。原料的清杂过程为先经自衡振动筛处理，除去土石、草棍、麻绳、塑料绳等，再经吹式或吸式去石机，依靠重力除去沙石，最后经吸铁装置或永磁滚筒除去铁屑等杂物，才能进入原粮粉碎系统。清杂系统通常配备吸风系统，以吸去原粮中的尘埃和土杂，吸风系统与送风系统紧密配合，在运粮地坑、自衡筛、去石机等处配备吸风罩。进入原粮粉碎系统后吸风系统与粉尘回收紧密配合，粉碎料出粉碎机后，加离心卸料器、布袋除尘器进行粉尘回收。清洁原料进入酿酒工序，原粮清蒸时间不得少于1h，或可长达90min。

4. 谷糠

谷糠是小米或黍米的外壳，注意与稻壳的区别，它不是稻壳碾米后的细糠，制白酒使用的是粗谷糠，其用量较少而发酵界面较大。在小米产区多用谷糠作为优质白酒的辅料，也可与稻壳混用，清蒸后的谷糠会使白酒具有特别的醇香和糟香，多作为麸曲白酒的辅料，可使麸曲白酒纯净适口，是辅料中的上品。

5. 稻壳

稻壳又名稻皮、谷壳、砻糠，南方多称糠壳，是水稻籽粒的附属物，疏松度最好，但吸水性只有谷糠的一半稍多，整稻壳对酒醅有良好的疏松性能，粉碎的稻壳含水性能差，疏松性能更差，几乎不起辅料作用。另外稻壳中含有大量的硅酸盐，蒸酒后的酒糟质地粗糙坚硬，作为饲料牲畜都不十分爱吃，但稻壳是一种廉价辅料，广泛用作清香型白酒的蒸馏填充料，应用时应注意清蒸排杂，蒸糠时间圆汽后不得少于40min，以减少白酒中的糠杂味。酿酒企业的原辅料供应机构，尤其要抵制收购粉碎过的稻壳。

稻壳根据外形可分为长瓣稻壳和短瓣稻壳。长瓣稻壳皮厚，壳质较硬；短瓣稻壳皮薄，壳质较软。因为稻壳是酿制大曲酒的填充料，所以不能太细，一般脱粒后为2～4瓣使用较好（因细壳中含大米的皮较多，故脂肪含量较高，疏松度较低）。一般使用前采用清蒸处理，以起到减少原料互相黏结，避免塌汽，保持粮糟柔熟不腻的作用。稻壳的检验可用目测法，将稻壳放入玻璃杯中，用热水烫泡5min后，闻稻壳的气味，判断有无异味。一般要求新鲜、干燥、无霉味，呈金黄色。

6. 其他辅料

高粱糠及玉米皮既可作为制曲原料，又可作为酿酒的辅料。花生皮、禾谷类秸秆的粉碎物等均可作为酿酒的辅料，但使用时必须清蒸排杂。甘薯蔓作为酿酒的辅料会使成品酒较差；麦秆会导致酒醅发酵升温猛、生酸高；荞麦皮含有紫芸苷，会影响发酵；单独使用花生皮作辅料，成品酒中甲醇含量较高。

第三节 水

俗话说："佳酿，必有良泉"。水是白酒生产过程中的必需品，有了水就可以完成各种生物化学作用，也可以让微生物完成各种新陈代谢反应，从而形成酒精及有关的各种风味物质和芳香成分，因此白酒厂对酿酒用水非常重视，认为水是白酒工业的血液，水质的优劣不仅影响酒味，也影响出酒率的高低，水对酿制名优酒具有重要的意义。白酒工艺用水是指与原料、半成品、成品直接接触的水，可分为三部分：一是制曲时搅拌，微生物培养，制酒原料的浸泡、糊化稀释等工艺过程使用的酿造用水；二是用于设备、工具清洗等的洗涤用水；三是成品酒的加浆用水，即高度白酒勾兑（降度）用水与高度原酒制成低度白酒时的稀释用水。

一、白酒酿造用水

（一）水的主要指标对酒产生的影响

1. 硬度

无论是酿造用水还是非酿造用水，水质硬度都是酿酒界至关重要的指标之一。

（1）水质硬度的意义

水质硬度是指水中阳离子沉淀肥皂的能力，其化学反应式为：

硬脂酸钠（肥皂）＋水中钙、镁等离子──→硬脂酸钙、镁等（沉淀物）

水中的阳离子主要是钙、镁离子，其次是亚铁、锰、铝、锌、锶等能与肥皂起沉淀作用的离子，它们和水中存在的阴离子，如碳酸根、碳酸氢根、氯根、硫酸根、硝酸根等结合成盐类，水的硬度就是指上述溶解盐的浓度。

（2）水质硬度的分类和性质

水质硬度的分类主要有4种表示方法。

① 暂时硬度：主要是钙（Ca^{2+}）、镁（Mg^{2+}）离子与碳酸氢根（HCO_3^-）结合的碳酸氢盐，如 $Ca(HCO_3)_2$ 或 $Mg(HCO_3)_2$，其次是钙、镁离子与碳酸根结合的碳酸盐，如 $CaCO_3$ 或 $MgCO_3$。在水中溶解的钙、镁碳酸氢盐经加热煮沸时，分解成溶解度更小的碳酸盐，这部分硬度随着加热被大部分除去，因此该硬度称为暂时硬度，又称碳酸盐硬度。

② 永久硬度：是指钙、镁离子与氯离子、硫酸根、硝酸根结合的盐类在水中的浓度，这类盐经加热煮沸，在水中不发生沉淀，其浓度没有变化，故称为永久硬度，又称非碳酸盐硬度。

③ 总硬度：为碳酸盐硬度与非碳酸盐硬度之和。

④ 负硬度：水中的钾、钠等阳离子与碳酸氢根、碳酸根结合成碳酸氢盐和碳酸盐，称为负碳酸盐硬度，该硬度没有引起肥皂沉淀的能力。

（3）水质硬度的表示方法

① 德国度（°d）：过去我国习惯用德国度来表示水质硬度，又称习惯表示法，其含义为

每升水中含有10mg氧化钙为1°d。

② mmol/L：为化学常用表示方法，其含义为每升水中含碳酸钙的物质的量（mmol）。

③ mg/L：为水质分析报告的表示方法，其含义为每升水中含各种硬度离子质量（以mg计）的和。将水中所测得的各种离子浓度（mg/L），如钙、镁、亚铁、锰、锶、锌等各离子浓度，取各种换算系数相乘，将各乘积再相加，即可得该水的总硬度。

④ mg/L（以碳酸钙计）：其含义为每升水中含碳酸钙的质量（以mg计），GB 5749—2006《生活饮用水卫生标准》的总硬度即用此表示。

不同方法表示的水质硬度相互换算的方法如下：

$$1mg/L = 0.0560 \text{德国度}(°d) = 0.178 mmol/L$$

按照硬度一般将水分为5个等级：硬度0～0.7mmol/L（0～4°d）的水为特软水；硬度0.7～1.4mmol/L（4～8°d）的水为软水；硬度1.4～2.8mmol/L（8～16°d）的水为中等水；硬度2.8～5.3mmol/L（16～30°d）的水为硬水；硬度大于5.3mmol/L（大于30°d）的水为特硬水。白酒酿造用水以中等硬度较为适宜。

（4）水的硬度对酒质的影响

水中的某些金属离子参与了发酵中的生物化学反应，并且还扮演了重要的角色。某些酶需要某种离子存在时才具有催化活性，另外有些酶在某种阳离子加入介质时可提高其活性。例如：曲霉孢子没有Mg^{2+}就不能生长，所有核苷三磷酸的代谢均需Mg^{2+}催化，Mg^{2+}又是淀粉酶分解淀粉时的催化剂，曲料中缺少Mg^{2+}时酶含量则显著降低；Ca^{2+}能使α-淀粉酶不易被破坏，可起一定的保护作用；蛋白质进行磷酸酯化反应时需要K^+；脂肪酸的形成需要Mn^{2+}来催化；水中含有的磷酸根对酿酒有利，含量少时出酒率还会降低，曲霉孢子的形成和菌体的生长都需要磷酸盐的存在。但如果某些金属离子的含量过高，则会严重影响白酒香味物质的生成以及产品质量。例如：Ca^{2+}、Mg^{2+}、Mn^{2+}等易与有机酸类形成不溶于水和乙醇的物质，使这些有机酸类无法进一步发生反应形成白酒中的香味成分；Fe^{2+}、Fe^{3+}过多会使白酒中出现铁腥味；白酒加浆用水如果Ca^{2+}、Mg^{2+}含量过高，会使白酒发苦，还会产生沉淀。

（5）硬水的处理

① 常压或加压煮沸处理法。

② 定量增加饱和石灰水，将碳酸盐类沉淀，石灰用量要严格掌握。

③ 加硫酸、盐酸进行综合处理。

④ 采用离子交换树脂法处理水，可使水中金属盐类的酸根发生化学反应后，水保持中性。

⑤ 采用电渗析法，除去水中金属盐类，以达到纯水程度。

2. 色度

水的色泽主要由胶质悬浮物和溶解性物质形成。白酒酿造用水标准中水的色度不能超过15度，并不得呈现其他异色，否则对白酒感官性质的影响甚大。

3. 浊度

浊度由悬浮物质和胶体物质所形成，悬浮物质由不溶于水的泥土、有机物及矿物质等微粒组成。水质标准规定浊度不得超过5度（散射浊度，简写为度），否则，不仅影响感官质量，还会使细菌大量繁殖，使酒产生苦味和异味。

4. 臭和味

水质标准规定：清洁的水，冷水或煮沸后的水，不得有异臭、异味及肉眼可见物。水中若有藻类、有机酸、硫化氢、矿物质等天然成分，则均会出现异臭和异味。如果水有污泥，会使白酒呈泥土臭，氯化镁、硫酸钠多时呈苦味。

5. pH

虽然 pH 在酿造过程中按其一定的操作工艺自然变化，但最初加入水的 pH 很关键。因为酿造过程中生化反应的结果，液相介质或产物的 pH 是趋向酸性发展的，工艺用水的 pH 过高不仅会抑制发酵反应的进行，而且还会使发酵起始时酶活性降低，生成的微量有机酸类也将被中和而消耗，最终影响酒中香味组分的含量平衡，影响酒质。反之，如酿造用水的 pH 过低，也能使酶活性降低，对发酵也不利。

6. 游离余氯

白酒酿造用水其水源一般为地表水、地下水、自来水等。自来水中通常残留有游离氯，当含量超过 0.1mg/L 时，呈氯臭感，用作制曲、制酒母、醅的投料水时，会引起酵母早衰，使发酵不完全，酒味粗糙。

7. 碱度

水的碱度是指溶解在水中的能与强酸起作用的盐类浓度，其中主要是碱土金属的碳酸氢盐、碳酸盐及氢氧化物；其次是碱土金属与硼酸、磷酸、硅酸等形成的盐类；此外还有有机碱等。有些碱土金属离子如钙、镁等既形成碱度又形成硬度。碱土金属离子在水中含量过高，可使水的 pH 升高，盐分含量大。碱度的单位习惯上也以 mmol/L 表示，我国习惯也用德国度表示。

8. 有机物（高锰酸钾耗氧量）

有机物是水质污染的标志之一，以 mg/L 表示，应越低越好，如含量超过 10mg/L，为严重污染水，不应用于白酒的酿造。

9. 氨态氮（以 N 计）

氨态氮也是水质污染的指标之一，以 mg/L 表示，应该越低越好，含量超过 0.5mg/L 为严重污染水。

10. 其他无机成分

水中的无机成分有几十种，它们在白酒的整个生产过程中起着各种不同的作用。

（1）有益作用

磷、钾等无机有效成分是微生物生长的养分及发酵的促进剂。在霉菌及酵母菌的灰分中，以磷和钾含量为最多，其次为镁，还有少量的钙和钠。当磷和钾不足时，则曲霉生长迟缓，曲温上升慢，酵母菌生长不良，醅发酵迟钝。这说明磷和钾是酿造水中最重要的两种成分。钙、镁等是酶生成的刺激剂和酶溶出的缓冲剂。

（2）有害作用

亚硝酸盐、硫化物、氟化物、氰化物、砷、硒、汞、镉、铬、锰、铅等，即使含量极微，也会对有益菌的生长或酶的形成和作用，以及发酵和成品酒的质量产生不良的影响。应当指出的是上述各种成分的有益和有害作用是辩证的，如某些有毒金属元素，曲霉及酵母对此有极微量的要求，而有益成分也应以适量为度。某种无机成分也往往有多种功能，如锰能促进着色，同时又是乳酸菌生长所必需的元素。无机成分本身也会在白酒生产过程中与其他物质进行离子交换而发生各种变化。

不符合要求的酿造用水可采用一定的水处理工艺进行处理。色度、游离氯可采用活性炭吸附，浊度可用机械过滤器过滤，总硬度、超标固形物可采用离子交换；也可采用反渗透和酒勾兑用水处理设备等进行综合处理。

（二）水源种类和选择

酿造用水的水源种类一般有自来水和天然水，由于自来水的水源也是来源于天然水，因此天然水的选择至关重要。天然水又分地表水和地下水，地表水主要指江河、湖泊、水库等流水。近年来由于地表水环境污染严重，故白酒的酿造用水，除特殊采取环保措施的传统工艺用水外，一般不选用地表水和浅层地下水，而注重选用深井水和矿泉水。通常符合国家卫生标准的中等硬度以下的生活饮用水都可作为酿造用水，而硬度过大的苦水，含氯化物过高的咸水，以及含亚硝酸盐和镉、砷、铅等重金属、氰化物、硫化物等有毒、有害物质超标的水，COD、BOD、大肠杆菌等严重污染的水等都不宜用作酿造生产用水。凡酿造用水，必须符合 GB 5749—2006《生活饮用水卫生标准》，具体见表 1-13，非直接用于酿造生产的水也应尽量选择无污染源，生物量少，泥沙、有机物、污染物少，独立指标合格，pH 和总硬度适宜的水源。为防止白酒因降度加浆而产生的晶状物沉淀，凡白酒加浆用水应选择总硬度 1.427mmol/L（德国度 4°d）以下的软水，高于此硬度的水应采取软化措施。

表 1-13 水质常规指标及限值

指　　标	限　　值
微生物指标	
总大肠菌群/（MPN/100mL 或 CFU/100mL）	不得检出
耐热大肠菌群/（MPN/100mL 或 CFU/100mL）	不得检出
大肠埃希菌/（MPN/100mL 或 CFU/100mL）	不得检出
菌落总数/（CFU/mL）	100
毒理指标	
砷/（mg/L）	0.01
镉/（mg/L）	0.005
铬（六价）/（mg/L）	0.05
铅/（mg/L）	0.01
汞/（mg/L）	0.001
硒/（mg/L）	0.01
氰化物/（mg/L）	0.05
氟化物/（mg/L）	1.0
硝酸盐（以 N 计）/（mg/L）	10（地下水源限制时为 20）
三氯甲烷/（mg/L）	0.06
四氯化碳/（mg/L）	0.002
溴酸盐（使用臭氧时）/（mg/L）	0.01
甲醛（使用臭氧时）/（mg/L）	0.9
亚氯酸盐（使用二氧化氯消毒时）/（mg/L）	0.7
氯酸盐（使用二氧化氯消毒时）/（mg/L）	0.7
感官性状和一般化学指标	
色度/度	15
浑浊度/NTU（散射浊度单位）	1（水源与净水技术条件限制时为 3）
臭和味	无异臭、异味
肉眼可见物	无
pH	不小于 6.5 且不大于 8.5

续表

指标	限值
铝/（mg/L）	0.2
铁/（mg/L）	0.3
锰/（mg/L）	0.1
铜/（mg/L）	1.0
锌/（mg/L）	1.0
氯化物/（mg/L）	250
硫酸盐/（mg/L）	250
溶解性总固体/（mg/L）	1000
总硬度（以 $CaCO_3$ 计）/（mg/L）	450
耗氧量（COD_{Mn} 法，以 O_2 计）/（mg/L）	3（水源限制，原水耗氧量>6mg/L 时为 5）
挥发酚类（以苯酚计）/（mg/L）	0.002
阴离子合成洗涤剂/（mg/L）	0.3
放射性指标	指导值
总 α 放射线/（Bq/L）	0.5
总 β 放射线/（Bq/L）	1

（三）水净化处理工艺

水的净化处理是一个多级过程，每一级都去除一定的污物，为下一级做准备。根据白酒工艺用水总体生产线，水处理可分为预处理、中期净化和终端消毒。预处理方法有机械过滤、活性炭吸附、离子交换、精密过滤等；中期净化主要是脱盐，方法有电渗透、反渗透、超滤、纳滤、酒勾兑用水处理机处理等；终端消毒包括紫外线杀毒、臭氧杀毒消毒等。以下就分别介绍各段单元设施的原理、构造组成及主要参数。

1. 预处理单元设施

由于在白酒工艺用水生产工艺中主要采用了离子交换、反渗透、超滤、电渗析等水处理技术，膜对进水水质有较高的要求，特别是反渗透要求非常严格。例如要求浊度小于 1NTU，污泥密度指数（污染指数）SDI 小于等于 4，细菌含量 TBC 小于等于 10 个/mL。水质的好坏直接影响反渗透水处理设备运行的可靠性与安全性。酒工艺用水多以江水、河水、溪水、泉水、地下水为原水，难免含有一定的浊度、余氯、微量有机物、总溶解固体等。因此必须有机械过滤、活性炭吸附、离子交换等前处理单元以确保中段设备的正常安全运行。

（1）机械过滤

机械过滤器也称压力过滤器，如只装一种石英砂滤料，则称为砂滤器，内部装有两种或两种以上过滤介质的，称多介质过滤器。其主要作用是去除粒度大于 $20\mu m$ 的机械杂质以及经过混凝的小分子有机物和部分胶体，使出水浊度小于 0.5NTU，COD_{Mn} 小于 1.5mg/L，含铁量小于 0.05mg/L，SDI 小于等于 5。

水的过滤是一种物理-化学过程，水通过颗粒物料滤床时分离出水中的悬浮物和胶体杂质。过滤是一种有效而主要的净化水处理工艺过程，在酒工艺用水制备中是一种不可缺少的工序。在以江水、河水、溪水为水源的预处理系统中，多采用机械过滤器。机械过滤器由筒体、挡板、入孔、压力表、滤头、滤料、排水管、进水管、冲洗水管以及进出水、反洗进出水阀门等组成。机械过滤器直径有 $\phi 300 \sim 3200mm$ 组成系列，处理水量 $1 \sim 100m^3/h$ 不等。一般以 $\phi 1000mm$ 以下为小型，$\phi 1000mm$ 以上为大型。小型压力机械过滤器一般由两种材料制成，一种是钢（内涂防腐材料）或不锈钢制成的容器，工作压力小于等于 0.6MPa，另一种是由硬质工程塑料或玻璃钢制成的容器，工作压力小于等于 0.25MPa。大型压力机械过滤器一般采用钢制，内涂防腐材料，小型反冲洗可大大节约反冲洗水量。单独水冲洗强度为 $10 \sim 15L/(m^2 \cdot s)$，膨胀率 50%，冲洗历时 10min。气水冲洗是先将过滤器内的水放到滤层上缘，送入压缩空气，强度为 $18 \sim 25L/(m^2 \cdot s)$，吹吸 3min 后，同时送入反冲水，其反冲强度使滤层膨胀 10%~15% 即可，2~3min 后停止送入空气，用水反洗 1~1.5min，此时反洗强度为 $5 \sim 8L/(m^2 \cdot s)$，膨胀率 15%~25%。

(2) 活性炭吸附

吸附法是用含有多孔的固体物质，使水中污染物被吸附在固体孔隙内而去除的方法。如去除水中余氯、胶体颗粒、有机物、微生物等，活性炭是最常用的吸附剂。活性炭过滤器从结构上与多介质过滤器基本相同，不同的是内部装有具有较强吸附能力的活性炭，用于去除经过滤未去除的有机物以及吸附水中的余氯，使出水余氯小于等于 $0.1mL/m^3$，SDI 小于等于 4。氯属于强氧化剂，对各类膜均有破坏作用，特别是反渗透膜对余氯十分敏感，活性炭更主要的功能就是吸附水中余氯，起到保护膜的作用。

① 活性炭的特性　活性炭的物理特性主要指空隙结构及其分布，在活化过程中晶格间生成的孔隙形成各种形状和大小的微细孔，由此构成巨大的吸附表面积，所以吸附能力特别强。良好活性炭的比表面积一般大于 $1000m^2/g$，细孔总容积可达 $0.6 \sim 1.18mg/L$，孔径为 $1 \sim 10000nm$，细孔分为大孔、过滤孔和微孔。

② 水处理系统中活性炭的使用条件　首先，活性炭需要预处理。粒状活性炭进柱前应在清水中浸泡，冲洗去除污物，装柱后再用 2%HCl 及 4%NaOH 溶液交替动态处理 1~3 次，流速 $18 \sim 21m^3/h$，用量约为活性炭体积的 3 倍，每次处理后均需淋洗到中性为止。第二，要有合适的进水条件。进入活性炭柱水应尽量去除大颗粒的悬浮物和胶体物质，以防堵塞炭的细孔和使炭层孔隙堵塞，以提高活性炭的吸附效果。一般要求进水中的悬浮物含量小于 3~5mg/L。第三，活性炭柱吸附终点的控制应根据去除物的性质而定。如以余氯泄漏量作为控制点，则应控制出水的耗氧量与总阴离子的含量的比值小于 0.004 或 COD 小于 2mg/L。

③ 活性炭吸附器　活性炭吸附器型式较多，按炭床型式可分固定床、膨胀床和移动床三种。按水流方向可分为上向流式和下向流式，一般固定床多用下向流，移动床可用上向流或下向流。按柱承受的压力可分为重力式和压力式两种。固定床吸附装置构造类似快滤池。当活性炭吸附污染物达到饱和时，把吸附器中失效的活性炭全部取出，更换新的或再生的炭。膨胀床吸附装置，水流自下而上通过炭层，使活性炭体积大约膨胀 10%。膨胀床内的水流阻力缓慢，不需要频繁地进行反冲洗，因而具有可较长时间连续运转的优点。但因炭层底部污染严重，与下向流相比，活性炭的冲洗困难得多。移动床有吸附剂连续移动和间歇移动两种形式，通常的移动床是指间歇移动吸附装置。水从上向流或下向流通过固定床炭层，运行一定时间后，停止进水，按与水流相反的方向将炭移动排出，排出量一般为总量的 2%~10%，同时把新的或再生的炭补充到炭层内。移动频率因处理的水量、水质不同，差异甚大。移动床具有装置占地面积小、费用低、出水水质稳定等优点，但装置复杂，运行管理不方便，需定期开启、关闭阀门，各类阀门磨损较快。为了充分利用活性炭的吸附容量，固定床或膨胀床吸附装置可采用几个活性炭多级串联吸附方式，但可能会增加投资费用和电能消耗。

目前广泛使用的是固定床吸附装置，一般为压力式。压力式吸附器的结构形式与压力过滤器类似。它既可做成单纯的吸附器，也可以与石英砂组合成吸附过滤器，两者均可除去有机物和悬浮固体。底部装 0.2~0.3m 后的承托层和石英砂滤料层。在石英砂的上部一般装填 1.0~1.5m 厚的活性炭，作为吸附过滤器，其滤速一般为 6~10m³/h；当单纯作为吸附器时，活性炭层高 2.0~3.0m，其滤速一般为 3~10m³/h，反冲洗强度用 4~12L/（m²·s）。

（3）离子交换法

离子交换法主要用于水的淡化处理，一般原水含盐量在 500mg/L 以下时，用离子交换法制曲酒工艺用水是比较经济的。按其交换过程，离子交换法可分为离子交换软化工艺和离子交换除盐工艺。离子交换水处理就是利用离子交换树脂上的可交换离子，把水中的成盐离子交换掉。

① 离子交换软化工艺

软化原理：在水生产中主要是采用钠离子交换树脂对硬水进行软化处理，也就是利用置换反应原理，用 Na^+ 来交换水中的 Ca^{2+} 和 Mg^{2+}。在离子交换器中装入磺化煤或阳离子交换树脂（Na 型），当硬水通过磺化煤层后，水中的 Ca^{2+} 和 Mg^{2+} 被磺化煤中的 Na^+ 置换并存留在交换剂中，于是交换剂就失效，不再起软化作用，这时就要用食盐溶液对交换剂进行再生处理，即再用 Na^+ 把交换中的 Ca^{2+} 和 Mg^{2+} 置换出来，经再生还原后的离子交换剂又可恢复软化能力。

工艺流程：常用钠离子交换软化工艺，有一级钠离子交换工艺和二级钠离子交换工艺两种。

原水→一级钠床→供出

原水→一级钠床→二级钠床→供出

水经一级钠离子和二级钠离子交换后，其出水硬度分别降至 0.05mmol/L 以下和 0.005mmol/L 以下。

主要设备：离子交换软化工艺的主要设备是钠离子交换床，主要有顺流、逆流和浮床三种。顺流式钠离子交换床的本体为圆柱形容器，其外部由管路系统组成，内部自上而下由进水装置、进再生液装置、交换剂层和底部排水装置等组成。进水装置设在交换床上部，通常有三个作用：一是均匀配水；二是消除进水对树脂层表面的冲击；三是在进水装置与交换树脂层之间留有树脂层高度的 60%~100% 作为水垫层。所以进水装置同时有在树脂反洗时均匀收集并排出反洗水的作用。常用的进水装置形式很多，有漏斗式、喷斗式、挡板式和多孔板式。排水装置于交换床底部，又称底部排水装置，有三个作用：一是在运行时能均匀收集交换后的水；二是阻留离子交换树脂，防止其漏到水中；三是在反洗时能够均匀配水，以便充分地反洗树脂。进再生装置的作用是使再生液在交换床截面上均匀分布，常用的进再生装置有圆环型、支管型等。逆流钠离子交换床结构与顺流钠离子交换床基本相同。钠离子交换浮床简称钠浮床，主要由上部配水装置、下部进水装置两部分组成。钠浮床上部配水装置主要有三种：弧形母管支管式、多孔板式和多孔管式。一般大直径的浮床多采用弧形母管支管式，直径较小的浮床多用多孔板式或多孔管式。

② 离子交换除盐工艺

工作原理：当含有各种离子的原水通过 H 型阳离子交换树脂和 OH 型阴离子交换树脂时，水中的阳离子和阴离子分别被交换为 H^+ 和 OH^-，进入水中的 H^+ 和 OH^- 形成 H_2O 分子。这样，原水在经离子交换除盐工艺处理后，可将水中的成盐阳、阴离子除去，从而获得除盐水。

工艺流程：根据离子交换除盐工艺流程的不同，常用离子交换除盐工艺可分为复床式除盐工艺、混床式除盐工艺、复床-混床式除盐工艺。复床式除盐工艺是离子交换除盐工艺中最常用的一种。H型和OH型分别装在两个交换床的形式，称为复床。工艺如下：原水→阳床→阴床→供出。复床式除盐工艺系统投资少，运行简单，适用于进水含盐量较低、强酸阴离子总量小于1.5mmol/L、碱度小于0.6 mmol/L的原水处理。混床式除盐工艺如下：原水→混床→供出。混床失效后，利用离子交换树脂的密度差，通过反洗的方法使其分层，然后进行再生。当原水水质较差时，通常采用复床-混床式除盐工艺，工艺流程如下：原水→阳床→阴床→混床→供出。一般来说，经复床-混床除盐工艺处理后的出水，其$HSiO_3$含量小于$10\mu g/L$，电导率小于$0.2\mu S/cm$。复床-混床除盐工艺通常适用于处理进水含盐量较高、总阳离子量较高的水质。

主要设备：除盐工艺用阳床、阴床构造类似钠离子交换床，混床可分为体内式再生和体外式再生两种。体内式再生混床，由于床内装置较多，特别是中间排水装置易受高速水流冲击而损坏，故单台制水量不是很大。而且该床再生和制床在同一设备中，由于操作不当而清洗不充分等，均可能产生污染用水从而影响混床出水纯度的问题。体外式再生式混床由混床运行床和混床再生床两部分组成。混床再生运行床上部进水装置的形式可参考阳、阴床。水垫层的高度至少为床内树脂高度的40%～60%。常用混床树脂层的高度为1.8m，其中阳树脂高0.6m，阴树脂高1.2m。压缩风分配装置多单独设置，分配支管装在底部排水装置的上面。压缩风压力为0.1～0.15MPa，混合时间按1～3min考虑。底部排水装置多采用石英砂垫层式。混床再生床的进水装置形式可参考混床运行床，进再生液装置一般不单独设置，再生酸液可从进水装置进入；再生碱装置可在底部利用排水装置进水。再生床的中间排水装置主要用于阳、阴离子交换树脂再生液的排出和清洗水的排出。底部排水装置多采用石英砂垫层。

（4）精密过滤

精密过滤器也称微孔过滤器，它采用成型滤材，如滤布、滤片、烧结管、蜂房滤芯等制成，用以去除粒径微细的颗粒。砂（多介质）过滤能够去除很小的胶体颗粒，使浊度达到1度左右，但每毫升水中仍有几十万个粒径为1～5μm的颗粒，这是砂滤不能去除的，微孔或粉末滤料和孔径很小的滤膜可以去除这种微细颗粒。精密过滤器主要作用是防止上道过滤工序有漏泄而将部分微粒带入下道工序，以确保下道工序的进水要求，保护下一工序的正常长期运行，因此精密过滤器又常称保安过滤器。微孔滤膜也是一种精密过滤材料，它是近年发展起来的膜材料之一，在过滤机理和截留颗粒大小上与精密过滤略有区别，将在后面中段处理单元中进行较详细的介绍。精密过滤器的类型和技术性能分述如下。

① 滤布过滤器 这种过滤器是将尼龙网布包扎在多孔管上，组成过滤单元。这种单元可以整个装在一个多孔板上，再置于承压容器内成为过滤器，也可以单个装在一根进水管上。这种滤布过滤器可去除大于80μm的杂质。正常过滤时，水由进水口经滤布除去杂质后由出水口流出。当滤布被堵塞，出水量减少时，关闭进、出水口的闸门，将反冲洗进水闸门和排水闸门打开进行反冲。

② 烧结管过滤器 烧结滤管是由粉末材料通过烧结形成的微孔滤元，其滤管材料有陶瓷、玻璃砂、塑料等多种。适用于各种液体、工业用水、生产用水及饮用水的精密过滤，大于1μm的微粒可被除去。烧结陶瓷滤芯的孔径一般小于2.5μm，孔隙率为47%～52%，处理水量600～1500L/h，一般适用于工作压力小于0.3MPa的，陶瓷烧结滤管因截留悬浮物增多而出水量减少时，可停止运行将滤管卸出，用水砂纸磨去已堵塞的表层并清洗干净，仍

可继续使用。当滤管的壁厚减薄到2~3mm时，滤除液将不合格，需要更换滤芯。

③ 蜂房过滤器　蜂房过滤器是一种效率高、阻力小的深层过滤单元，适用于含悬浮物较少的水进一步净化。蜂房滤芯系由纺织纤维粗砂精密缠绕在多孔骨架上而成，控制滤芯的缠绕密度就能制成不同精度的滤器。滤芯的孔径外层大，愈往中心越小，滤芯的这种深层网孔结构使其具有较好的过滤效果。蜂房滤芯的特点：有效除去液体中的悬浮物、微粒、铁锈等功能；可承受较高的过滤压力；过滤精度为$1\sim100\mu m$；独特的深层网孔结构使滤芯有较高的滤渣负荷能力；滤芯可以用多种材质制成，以适应各种液体过滤的需要。蜂房滤芯的用途非常广泛，在水处理中适用于自来水、井水、食品饮料工艺用水、冷却循环水、蒸汽冷凝水等的过滤。常用的蜂房滤芯有两种：一种是聚丙烯纤维-聚丙烯骨架滤芯，最高使用温度为60℃；另一种是脱脂棉纤维-不锈钢骨架滤芯，最高使用温度为120℃。蜂房过滤器具有体积小、过滤面积大、阻力小、滤除杂质负荷高、使用寿命长等优点。在一般条件下，可以经反冲洗后重复使用，所以在预处理中得到较广泛的使用。

2. 中期净化单元

中期净化主要是利用膜分离技术去除水中盐类为主的各种杂质。膜分离技术具有以下优点：膜分离过程不发生相变化，和其他方法相比能耗较低，是一种节能技术，这在能源短缺的今天势必引起公众的重视；膜分离过程是在压力（或电力）驱动下常温进行的，因而特别适于对热敏感的物质，如对果汁、酶品等的分离、分级溶液与富集过程，在食品工业、医药工业、生物技术等领域有独特的适应性；膜分离技术不仅适用于有机物和无机物的分离，及从病毒、细菌到微粒的广泛分离，而且还适用于许多特殊液体体系的分离，如溶液中大分子与无机盐的分离，一些共沸点或近沸点物系的分离等；膜分离法分离装置简单，操作容易且易控制，便于维修及分离效率高，作为一种新型的水处理方法与常规水处理方法相比，具有占地面积小、处理效率高、可靠性高等特点。反渗透、电渗析法与常规离子交换法的处理效果及费用相比较，反渗透占有显著优势，其次是电渗透，离子交换法去除效果良好但费用远高于前两者，而酒勾兑用水处理机处理后的水既能达到勾兑用水的要求，在费用投入上又有明显的优势。

(1) 电渗透

① 电渗透脱盐原理　电渗透是一种独特的膜分离技术，它在外加直流电场作用下，利用阴离子交换膜（简称阴膜，它只允许阴离子通过而阻挡阳离子）和阳离子交换膜（简称阳膜，它只允许阳离子通过而阻挡阴离子）的选择透过性，使水中阴、阳离子透过离子交换膜迁移到另一部分水中去，从而使一部分水纯化，另一部分水浓缩，其工作原理见图1-1。

从图中可以看出，在两电极间交替地平等放置着若干阴膜和阳膜，在两膜所形成的隔室中冲入含离子的水溶液，接上电源后，溶液中带正电荷的阳离子在电场作用下向阴极方向运动，这些离子很容易穿过带负电荷的阳离子交换膜，但却被带正电荷的阴离子膜所阻挡。同样，溶液中带负电荷的阴离子在电场作用下向阳极运动，并通过带正电荷的阴离子交换膜，而被阳离子交换膜挡住，这种与膜所带电荷相

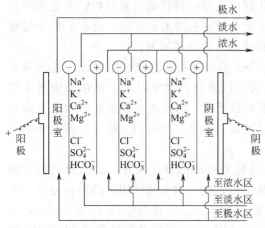

图1-1　电渗透脱盐原理
⊕阳离子交换膜；⊖阴离子交换膜

反的离子穿过膜的现象称为反离子迁移。由于离子交换膜的选择渗透性，被迁移的离子不可能达到相应的电极上，而是聚集在相同的浓、淡室中。因而可以从浓缩室引出浓缩的盐水，从淡化室即脱盐室引出所需的淡水。从以上分析可以看出，电渗透过程脱除溶液中的离子以两个基本条件为依据：第一，直流电场的作用，使溶液中带电的阴阳离子做定向运动；第二，离子交换膜的选择性透过，使溶液中的离子做反离子迁移。

② 电渗透器的主要部件

膜堆：膜堆位于电渗透器的心脏，由浓、淡水隔板和阴、阳离子交换膜交替排列构成淡水室和浓水室。离子交换膜是电渗析和扩散渗析设备中最为重要的组成部分，其性能好坏直接影响到相应过程的技术经济效果。一般离子交换膜具有较高的选择透过性、较低的膜电阻、较好的化学稳定性、较低的离子反扩散和渗水性、较高的机械强度等性能。离子交换膜的种类繁多，按结构可分为异相膜、均相膜、半均相膜；按活性基团可分为阳离子交换膜、阴离子交换膜和特种膜；按材料性质可分为有机离子交换膜和无机离子交换膜。隔板是由隔板框和隔板网组成的薄片。在框上设有将原水引入、将浓水和淡水引出的圆形或矩形的进出水孔，还设有供水进入和流出各个隔室的配集水槽，流水道中放置隔网。隔板主要放在阴、阳离子交换膜之间，能起支撑和隔离膜，保证水流分布均匀，加强液体的湍流搅动，强化优质过程，提高电流效率和降低能消耗，保证隔室内液体不外漏的作用。隔板床内常用的材料有聚乙烯、聚氯乙烯、聚丙烯、天然或合成橡胶等。均相离子交换膜较薄，弹性差，以选配天然或合成橡胶隔板为宜。异相离子交换膜较厚，弹性好，通常搭配硬聚氯乙烯或聚丙烯等材质的隔板。

极区：极区包括电极和极水隔板，阳、阴极区分别位于极堆两侧，电极与直流电源相连，为电渗析器供电。极水隔板比浓、淡水隔板厚，内通极水，供转导电流和排除废水、废气之用。电极也是电渗透器的主要部件之一，它直接影响电渗析器的正常运行和除盐效果。电极一般应具有良好的化学及电化学稳定性，导电性能好、电阻小、力学性能好，原材料价格便宜等优点。主要有石墨电极、铅电极、不锈钢电极、二氧化钌电极、钛镀铂电极和铂电极。用来夹极室、膜堆的装置称为电渗析器的锁紧装置，其作用是使电渗透器在运行时，不至于产生水的内漏和外漏现象。电渗析器有压机锁紧和螺杆锁紧两种锁紧方式。

③ 电渗透器的组装方式　并联组装形式有一级一段、二级一段和多级多段几种。串联组装形式有一级二段、一级多段、二级二段和多级多段几种。

④ 电渗透设计基本参数　脱盐率主要取决于隔板厚度、流程长度、流速以及实际操作电流密度。根据当前制造水平，无回路网式电渗析器的操作压力一般选用 0.2MPa 为宜，超过 0.3MPa 难以保证安全运行。每段膜对数不应超过 200 对，每台电渗透器的膜对总数在 400 对以下较为合适。对于无回路网式隔板，流速取 $4\sim10 cm^3/s$ 为宜。当进水含盐量在 $500\sim4000 mg/L$ 时，采用电渗析淡化工艺是经济合理、技术可行的。而进水含盐量大于 $4000 mg/L$ 时，可与反渗析法作技术经济比较，以确定合理的淡化处理系统。这里应指出，作为一种水质淡化技术，电渗析由于所需压力相对较低，设备较简单，因而便于推广使用，但该法对胶体硅和有机物则难以去除。在纯净水生产工艺中，电渗析不可单独使用，而必须与反渗透或超滤联合使用，方能保证出水水质。

(2) 反渗透

反渗透是以压力为推动力，利用反渗透膜只能透过水而不能透过溶质的选择透过性，从某一含有各种无机物、有机物和微生物的水体中，提取纯水的物质分离过程。

① 反渗透的原理　用一张对溶剂具有选择性透过功能的膜把两种溶液分开，由于膜两

侧溶液的浓度及压力不同,将发生渗透或反渗透现象。平衡是膜两侧溶液的浓度和静压力相等时,系统所处的状态。渗透是假定膜两侧静压力相等,但浓度不等,所以渗透压不等,则溶液将从稀溶液侧透过膜到浓溶液侧,这就是以浓度差为推动力的渗透现象。渗透平衡指如果两侧溶液的静压差等于两种溶液间的渗透压,则系统处于动态平衡。反渗透是指当膜两侧的静压差大于溶液的渗透压时,溶剂将从浓溶液侧透过膜流向稀溶液的一侧,这就是反渗透现象。实现反渗透必须满足两个条件,第一是有一种高选择性和高透过性的选择性透过膜,第二是操作压力必须高于溶液的渗透压。

② 膜的特性和透过机理

膜的方向性:只有反渗透膜的致密层与给水接触,才能达到脱盐效果,如果多孔层与给水接触,则脱盐率将显著下降,甚至不能脱盐,而透水量则大大提高,这就是膜的方向性。

各种离子透过膜的规律:一般来说,一价离子透过率大于二价离子透过率,同价离子的水合半径越小,透过率越大。

膜的透过机制:反渗透膜结构上层为致密层,而下层是多孔层。反渗透膜含有非连续的大小孔,由致密层与水溶液接触,因而颗粒杂质不可能在膜里面被截留,不存在与过滤器一样有深层过滤的问题。膜去除有机物是建立在筛网机制基础上的,因而有机物分子的大小与形状是确定其能否通过膜的重要因素。反渗透膜有高的脱盐率是由于半透膜对离子有排斥作用,而膜表面对水分子有选择吸附的作用。当有压力的给水通过反渗透膜元件时,水通过膜,而离子被截留在溶液中。

③ 反渗透装置的主要部件

反渗透膜组件:反渗透膜组件是将膜组装成能实际应用的最小基本单元,是反渗透装置的主要部件。常见的膜组件形式有板框式、管式、卷式和中空纤维式。前两种由于膜填充密度低、造价高、难规模化生产等原因,仅用于小规模的浓缩分离等方面。后两种膜组件的填充密度高、造价低、易规模生产,是反渗透淡化工程中应用最多的结构形式。

压力容器:卷式反渗透元件使用时要装入相应的压力容器中。压力容器的材质有玻璃钢和不锈钢。压力容器的长度可容1~8个膜元件,可根据实际需要选定,通常装6个膜元件的压力容器使用得最多。

高压泵:反渗透膜的分离推动力是压力差,这种压力是由高压泵来提供的,因此高压泵是反渗透系统的关键部件,也是主要耗能部件。所以,高压泵的性能对系统的脱盐成本和运行有很大影响。目前使用的泵主要有往复泵、离心泵、单螺杆泵、高速泵几种。

能量回收装置:反渗透过程中,高压浓盐水的排放量通常占进水流量的70%,若直接排放不利用,能量损失约70%。为了降低淡化水的操作费用,通常在浓盐水的排放管道上安装能量回收装置。用于回收高压浓盐水能量的设备有涡轮机、各种旋转泵、正位移泵和流动功装置。涡轮机和旋转泵多用于大型的水淡化厂。流动功装置在低流量时具有高效率的特点,适合于小型的反渗透装置。能量回收装置可以与高压泵直接连接,也可以放在两段之间作为后一段的增压泵使用。

④ 反渗透装置的主要性能参数

透水率(Q_p):$Q_p = A(\Delta p - \Delta \pi)$

式中,Q_p为膜的透水率,$g/(cm^2 \cdot s)$;A为膜的渗透系数,$g/(cm^2 \cdot s \cdot MPa)$;$\Delta p$为膜两侧的外加压力差,MPa;$\Delta \pi$为膜两侧的渗透压力差,MPa。

透水率是指单位时间透过单位膜面积的水量。其主要取决于膜的材质、结构等因素,但也与运行条件有关,随运行温度上升而增加,随运行压力的增加而比例上升,随进水浓度增加而下降,随回收率增加而下降等。

回收率(Y):$Y = Q_p/Q_1 \times 100\% = Q_p/(Q_p + Q_m) \times 100\%$

浓缩倍数(CF):$CF = Q_1/Q_m = 1/(1-Y)$

盐分透过率(SP):中空纤维式 $SP = C_p/C_1 \times 100\%$,

卷式 $SP = C_p/[(C_m + C_1)] \times 100\%$

除盐率(R):$R = 100\% - SP$

式中,Q_1、Q_m、Q_p 分别为进水、浓水和产水透过单位膜面积的水量;C_1、C_m、C_p 分别为进水、浓水和产水的含盐量。

(3) 超滤

超滤是以压力为推动力,利用超滤膜不同孔径对液体中的杂质进行分离的过程。超滤应用范围广,除在水处理工程中用于去除胶体、大分子有机物细菌、热源等外,还可以用于许多特殊溶液的分离精制。由于超滤是常温操作,对那些热敏性物质,如果汁、生物制品等的浓缩精制特别有效,节能效果尤为明显。

① 超滤的基本原理 一般来说,超滤的微孔孔径大致为 0.005~1μm。超滤处理的都是大分子有机物、胶体、蛋白质等。超滤在过滤过程中同时存在三种情形:溶质在膜表面及微孔孔壁上产生吸附;溶质的粒径大小与膜孔径相仿,溶质在膜表面被机械截留,实现筛分;溶质的粒径大于膜孔径,溶质在膜表面被机械截留,实现筛分。

② 超滤装置 生产用超滤组件和反渗透组件一样,有板框式、管式、螺旋卷式和中空纤维式 4 种。因各类组件的形状不同、结构不同,所以在超滤性能上也有较大的差异。

板框式组件:其起源于普通的压滤器,但设计形式多样,主要区别在于料液的通道不同。它的优点是单位体积内具有较大的膜面积,但对浓度极化的控制比管式困难,特别是处理悬浮颗粒含量较高的料液时,料液的通道往往被堵塞。膜污染时虽可将组件拆开清洗,但比管式组件麻烦。板框式的投资费用和操作费用一般均较管式组件略低。

管式组件:根据料液流动方式的不同,分为内压式和外压式两种。内压式料液在管内流动,外压式料液在管外流动。生产上多采用内压式管膜。其优点是可在很大范围内改变料液的流速,被处理溶液的流动状态好,有利于控制浓差极化和膜污染,可以处理含高浓度悬浮颗粒的料液,膜污染严重时可用泡沫塑料刷子或海绵球进行强制性清洗。其缺点是投资和操作费用较高,膜的比表面积小。

螺旋卷式组件:其实是一种卷起来的平板式组件。它把膜及其支撑材料、料液通道材料卷成圆筒装入耐压容器之中。不同的是这种卷式组件,其料液和透过液的流经路线不同。这种膜组件的优点是单位面积内膜面积较大,投资和操作费用较低。但浓差极化难以控制。处理含中等的悬浮颗粒的料液,就会造成膜的严重污染,所以在超滤应用中受到较大限制。

中空纤维式组件:它是由直径 0.5~1.5mm 的许多根中空纤维膜经集束封头后组成的。这种膜由纺丝技术制造,不需要外加支撑材料,故具有结构紧凑、单位体积内膜的填装密度和比表面积大的特点,且料液流动状态好,浓差极化倾向易于控制,能耗少,投资费用低等。

(4) 微滤

微滤是一种精密过滤技术,它的孔径范围一般为 0.1~10μm,介于常规过滤和超过滤之间。微滤是以静压差为推动力,利用筛网状过滤介质膜的筛分作用进行分离的过程,其原理和普通过滤相类似,但过滤的微粒孔径在 0.03~15μm 之间,因此又称其为精密过滤,是过滤技术的新发展。微过滤膜具有比较整齐均匀的多孔结构,它是深层过滤技术的发展,使过滤从一般只有比较粗糙的相对性质过渡到了精密的绝对性质。在静压差作用下，小于膜孔的粒子通过膜，比膜孔大的粒子则被截留在膜面上，使大小不同的组分得以分离。微滤膜的截留机理包括以下几方面的作用。

① 机械截留作用：指膜具有截留比它孔径大或者与其孔径相当的微粒等杂质的作用，即筛分作用。

② 物理作用或吸附截留作用：如果过分强调筛分作用就会得出不符合实际的结论，除了要考虑孔径因素外，还要考虑其他因素的影响，其中包括吸附和电性能的影响。

③ 架桥作用：通过电镜可以观察到，在孔的入口处，微粒因为架桥作用也同样可以被截留。

④ 网络型膜的网络内部截留作用：这种截留是将微粒截留在膜的内部，并非截留在膜的表面。

(5) 纳滤

纳滤（NF）膜是近十年发展起来的，分离需要的压力一般为 0.5~2.0MPa，比用反渗透膜达到同样的渗透通量所必须施加的压差低 1~5MPa。根据操作压力和分离界限，可以定性地将纳滤排在超滤和反渗透之间，有时也把纳滤称为"低压反渗透"。纳滤膜孔径处于纳米级，截留相对分子质量在 200~1000 的物质，同时对无机盐也有一定的截留率。

① 纳滤的分离机理　纳滤的分离机理处于研究阶段，很不成熟。大致来说，纳滤分离以毛细管渗透筛分机理为主，某些情况下膜电荷对电解质分离起到很大的辅助作用。目前用于描述纳滤膜分离机理的模型主要有立体阻碍-细孔模型、电荷模型和静电阻模型等。

② 纳滤的分离特性

纳滤膜的材料及膜组件：纳滤膜材料主要有醋酸纤维素（CA）、醋酸纤维素-三醋酸纤维素（CA-CTA）、磺化聚砜（S-PS）、碘化聚醚砜（S-PES）、芳香族聚酰胺复合材料及无机材料等。目前应用最广的是芳香聚酰胺复合材料。

纳滤膜对有机物的分离：纳滤膜一般对相对分子质量在 200 以上的有机物具有较高的去除率，纳滤膜的截留相对分子质量为 200~500 也是针对这一点的。纳滤膜对有机物的分离利用的是一种孔径的物理截留作用。纳滤膜截留的相对分子质量大于反渗透膜而小于超滤膜。

纳滤膜对无机物的分离：纳滤膜对无机离子的去除效率介于反渗透和超滤之间，它对不同的无机离子有不同的分离特性，如它对 Mg^{2+}、Ca^{2+}、SO_4^{2-} 的去除远高于对 SO_4^{2-}、Cl^- 等的去除效率。膜对具体无机离子的透过系数是与膜对该离子的截留率相反的概念，某一些离子的透过系数越大，那么相应地，这种膜对这种离子的截留率越小，纳滤膜对具体离子的去除效率一般为：$SO_4^{2-}>Mg^{2+}>Ca^{2+}>SO_3^{2-}>HCO_3^->Na^+>Cl^->K^+>NH_4^+>F^->NO_3^-$。

(6) 酒勾兑用水处理机

酒勾兑用水处理机使用不同的高分子材料，可降低水中硬度，除去不溶性固形物、水中异臭味、有机物质，脱色等，适用于不同度数的酒勾兑加浆用水的需求。处理后的水的硬度低于 $3°d$（$1°d=0.178mmol/L=0.356Me/L$，其中 Me/L 为毫克当量每升），勾兑白酒放置后不产生钙盐、镁盐沉淀。主要用于高度酒的勾兑用水。

① 工作原理　酒勾兑用水处理机采用交换吸附的原理，主要去除粒度大于 $1\mu m$ 的机械杂质、小分子有机物和部分胶体，使出水浊度小于 0.5NTU，COD_{Mn} 小于 1.5mg/L，SDI 小于等于 5；还用于去除水中余氯、胶体微粒、有机物、微生物、异杂味和杂色等，还可除去水中 Ca^{2+}、Mg^{2+}、Fe^{2+} 等重金属离子和适度脱盐。

② 结构特征　该机采用三级或四级串联过滤，设备配备反冲清洗排污管道，主要由三

个或四个罐体以及不锈钢板、阀门、管道、机架等组成，各级均配有压力表及排气阀；罐体全部采用优质不锈钢制成，具有较强的耐腐蚀性能，设计合理，结构紧凑。该机使用高分子材料，通过过滤、交换吸附，除去水中的可见物以及降低水硬度，使不符合勾兑用的水经过处理后满足勾兑酒的要求。

③ 设备工作条件及技术参数　设备工作条件要求温度 0~40℃，湿度小于等于 90%，电压(220±22)V，(380±38)V；频率为(50±1)Hz。技术参数见表1-14。

表1-14　酒勾兑用水处理机的技术参数

项目		型号	Ⅰ	Ⅱ	Ⅲ	Ⅳ
	产水量/(t/h)		1	3	5	10
	工作压力/MPa		≤0.30			
	工作温度/℃		0~40			
原水水质	浊度/度		<10			
	色度/度		<10			
	COD/(mg/L)		2~3			
	游离氯含量/(mg/L)		<0.1			
	总铁含量/(mg/L)		<0.3（以铁表示）			
	锰含量/(mg/L)		<0.1（以锰表示）			
	表面活性剂含量/(mg/L)		<0.5			
	硬度/(mg/L)		<200			
出水	硬度/(mg/L)		<50			
	再生剂用量		树脂体积的2~5倍			
	再生液用量		NaCl：5%~8%　HCl：2%~5%　NaOH：5%			
	配泵功率/kW		1.1	2.2	3	4

④ 酒勾兑用水处理机的特点　产水量大，运行成本低，使用周期长，清洗容易，操作维护简便。

3. 终端消毒单元设施

水生产终端消毒的目的是灭菌，常用的方法有紫外线杀菌和臭氧杀菌。

(1) 紫外线杀菌

① 紫外线杀菌的原理　一般认为是生物体内的核酸吸收了紫外线的能量而改变了自身的结构，进而破坏了核酸的功能所致。当核酸吸收的能量达到致死量而紫外线的照射又能保持一定时间时，细菌便大量死亡。紫外线的灭菌效果因波长而异，波长在 200~300nm 之间的紫外线有杀菌作用，其中以 254~257nm 波段的灭菌效果最好。

② 紫外线杀菌装置　紫外线杀菌装置由外筒、低压汞灯、石英套管及电气设施等组成。外筒由铝、镁合金、不锈钢等材料制成，以不锈钢制品为好。其圆筒内壁要求有很高的光洁度，要求其对紫外线的反射率达到 85% 左右。杀菌灯为高强度低压汞灯，可放射出波长为 254~257nm 的紫外线。这种波长的紫外线的辐射能量占灯管总辐射能量的 80% 以上，为保证杀菌效果，要求其紫外线量大于 $3000\mu W \cdot S/cm^2$，灯管寿命一般不短于 1000h。紫外灯

的灯管的外面是石英套管，这是由于石英的污染系数小，耐高温，且石英套管对 254～257nm 的紫外线的透过率高达 90% 以上。但石英价格较贵，质脆，易粉碎。紫外线杀菌装置的电器设施包括电源显示、电压指示、灯管显示、事故报警、石英计时器及开关等。对紫外线杀菌器的质量要求主要是保证 99.9% 的杀菌率。

(2) 臭氧杀菌

臭氧是氧的同素异形体，在常温常压下可自行分解为氧气。臭氧在水中对病毒、细菌等微生物杀灭率高，速度快，对有机化合物等污染物去除彻底而且不产生残余污染。因此，它是水行业的优良杀菌消毒剂。

① 臭氧杀菌机理　臭氧是用空气中的氧通过高压放电产生的。在生产上，利用在两个带电的电极间的加速电子以产生臭氧，过程如下：

$$O_2 + 高能电子 \longrightarrow 2O + 低能电子$$

生成的氧原子活性很强，几乎立即和氧分子作用生成臭氧：

$$O + O_2 \longrightarrow O_3$$

臭氧在常温下极不稳定，分解时放出新生态的氧 [O]，[O] 具有极强的氧化能力。当用串联混合器把臭氧传递到水中时，细菌在 2s 内即被杀死。细菌被臭氧杀死是由细胞膜的断裂所致，这一过程被称为细胞消散，这是由于细胞质在水中被粉碎引起的，在消散的条件下细胞不可能再生。

② 臭氧发生器　臭氧发生器是以空气或氧气为原料，用高压电晕放电的方法产生臭氧的装置，包括空气压缩机、空气干燥器、贮气罐、臭氧发生机等。一般以氧气为气源的产臭氧浓度为 4%～6%，以空气为气源的产臭氧浓度为 1%～3%。臭氧用于纯净水的消毒，必须使臭氧经历从气相到液相的传质过程和液态臭氧同水中的微生物接触的反应过程。这些反应过程在臭氧与水的接触反应装置内即臭氧混合塔内完成。混合设备有布气头、水射器、管道混合器等。有些简单的水气混合方法，臭氧利用率仅有 20% 左右，而一个高效的气水混合装置可达到 50% 以上。在正常条件下应合理掌握臭氧消毒的四个因素。首先是流量，即单位时间给出臭氧的量和水的流量；其次是臭氧与水接触的面积；第三是单位时间内水和臭氧的流速；第四是臭氧与水的接触时间。

（四）水质的检测

1. 色度的测定

（1）铬钴比色法

① 原理　以用重铬酸钾与硫酸钴配成的标准比色系列作对照，目视比色法确定水样的色度。色度单位为度。

② 仪器　纳氏比色管 50mL，成套（各管刻度高度一致），无色，各管直径相同并厚薄均匀。

③ 试剂

a. 铬钴标准溶液　0.0437g 重铬酸钾（$K_2Cr_2O_7$）与 1.0000g 硫酸钴（$CoSO_4 \cdot 7H_2O$）溶于适量水中，加 0.50mL 硫酸，稀释至 500mL。此溶液相当于水样色度为 500 度。

b. 稀盐酸　1.0mL 浓盐酸稀释至 1L。

④ 操作

a. 铬钴标准比色系列的准备　取 13 支 50mL 比色管，分别加入 0mL、0.5mL、1.0mL、1.5mL、2.0mL、2.5mL、3.0mL、3.5mL、4.0mL、4.5mL、5.0mL、6.0mL、7.0mL 铬钴标准溶液，用稀盐酸稀释至刻度。各管色度依次为 0 度、5 度、10 度、15 度、20 度、

25度、30度、35度、40度、45度、50度、60度、70度。

b.水样的测定　取两个相同容量、相同质量的无色烧杯，一个放水样，一个放相同体积的铬钴标准比色系列。将两个烧杯同置于白色瓷板上，用铬钴标准比色系列，从上方观察并确定水样的色泽，记录为无色、微黄色、微红色等。对浑浊试样则进行过滤后再与铬钴标准比色系列比较。

(2) 铂钴比色法

① 原理　将水样与用氯铂酸钾和氯化钴试剂配制成已知浓度的标准比色系列进行目视比色测定，以氯铂酸盐离子形式 1mg/L Pt 产生的颜色规定为 1 个色度单位。

② 试剂

a.标准贮备液　准确称取 1.2456g 氯铂酸钾（相当于 500mg Pt）和 1.0000g 氯化亚钴（内含 0.2480g Co）溶于每升含 100mL 盐酸的水中，然后无损地移入 1000mL 的容量瓶中，用水定容至刻度，摇匀。此溶液为 500 单位色度。如果买不到有效的氯铂酸钾，可用金属铂来制备氯铂酸（氯铂酸极易吸水，可使铂含量变化）。准确称取 0.50000g Pt，溶解于适量王水（1 份浓硝酸和 3 份浓盐酸混合）中，在石棉网上加热助溶，反复地加入数份新的浓盐酸，蒸发去除硝酸。按 a 的步骤将产物与 1.0000g 氯化亚钴结晶一起溶解。

b.标准颜色系列液　吸取 0mL、0.5mL、1.0mL、1.5mL、2.0mL、2.5mL、3.0mL、3.5mL、4.0mL、4.5mL 和 5.0mL 标准贮备液，分别置于已编有号码的比色管中，用水稀释定容至 50mL，加塞摇匀各管。则各管色度依次为 0 度、5 度、10 度、15 度、20 度、25 度、30 度、35 度、40 度、45 度和 50 度。此系列液在防止蒸发和污染的情况下，可供长期使用。

③ 测定步骤　将水样置于与标准比色系列规格一致的 50mL 比色管刻度处，在白瓷板或白纸上同标准系列进行比较。在观测时，要调整比色管的角度，使光线向上反射时通过液柱，同时，眼睛自管口向下垂直观察。水样管的颜色与标准系列管中的某一个颜色相同，这个标准管的颜色则为水样的颜色。如果水样管的颜色在两个标准管颜色之间，可取其中间值，水样管颜色超过最后一个标准管的颜色时，可将水样加以稀释。

④ 计算

$$水样色度＝标准管色度的度数 \times 水样稀释倍数$$

2. 浑浊度的测定

(1) 原理

在一定条件下，将水样对光的散射程度与用富尔马肼聚合物制成的标准悬浊液对光的散射程度相比较，确定水样的浑浊度。散射的强度越高，试样的浑浊度越高。

(2) 仪器

① 光电比浊度、分光光度计、光电比色计三者任选其一。分光光度计在波长 420nm 处测定，光电比色计则选用青紫色滤光片。若无上述仪器，则可选用仪器②。

② 无色玻璃试剂瓶 1L，成套，其外形和玻璃质量必须一致。

(3) 试剂

① 无浑浊度水　将蒸馏水通过不大于 100nm 孔径的滤膜，这样滤过的水的浑浊度低于蒸馏水。要求不高时，也可用蒸馏水代替。

② 浑浊度标准贮备溶液　甲液是 10g/L 硫酸肼溶液，1.000g 硫酸肼溶解后稀释至 100.0mL。乙液是 100g/L 六亚甲基四胺溶液，10.000g 六亚甲基四胺溶解后稀释至 100.0mL。分别吸取甲液与乙液各 5.0mL 于 100mL 容量瓶中，在 (25±3)℃静置 24h，然后稀释至刻度，

混匀。此悬浊液相当于400度的标准浑浊度,在一个月内有效。

③ 浑浊度标准悬浊液　将10.00mL 400度的浑浊度标准贮存液用无浑浊度水稀释至100.0mL,此悬浊液相当于40度的标准浑浊度。使用时根据需要,取适量用无浑浊度水稀释。

(4) 操作

① 比浊度的校正　根据仪器说明书操作仪器,用与被测水样浑浊度范围相当的浑浊度标准悬浊液绘制校正曲线。如果仪器的标尺度数已经用标准悬浊液校正过,则只需进一步核对准确度即可。对灵敏度可调的仪器则调节灵敏度,使标尺度数与标准悬浊液的浑浊度相符。如用分光光度计或光电比色计测定浑浊度,则在规定波长下测定标准悬浊液的吸光度,然后用测得的吸光度对标准悬浊液的浑浊度单位作图,绘制校正曲线。

② 浑浊度低于40度水样的测定　摇匀水样,待空气泡消失后注水样于比浊计的比浊皿内,从仪器标尺刻度上读取水样的浑浊度单位,或通过校正曲线将标尺上的读数转换成水样的浑浊度单位。

③ 浑浊度高于40度水样的测定　用无浑浊度水样稀释至浑浊度低于40度,再按操作②测定。

④ 用玻璃瓶目视比浊测定　用浑浊度标准贮备液配制一系列能将水样的浑浊度包括在范围以内的浑浊度标准悬浊液,盛于1L成套的无色玻璃试剂瓶中。取振荡均匀的水样1L,注入与标准比浊液所盛装相同大小的玻璃瓶内。将标准瓶与水样瓶同置光线明亮的地方,在瓶后放一页书报或一张用墨汁画了不同粗细黑线的白纸作为识别标志,眼睛从瓶的前面看去,记录与水样有相同浑浊度的标准液的浑浊度单位作为水样的浑浊度。

(5) 计算

当水样在比浊前经过稀释时,用下式计算原水样的浑浊度。

$$浑浊度 = \frac{A(V_1 + V_2)}{V_2}$$

式中,A 为稀释后试样的浑浊度单位,度;V_1 为稀释所加水的体积,mL;V_2 为稀释时所取水样的体积,mL。

3. 臭气的检验

(1) 检验方法

① 冷法(20℃)　于250mL三角瓶中加入100mL水样,若水温过高或过低时,设法用温水或冷水在瓶外调节温度,使水温达到(20±2)℃。振荡瓶内水样,从瓶口闻水的气味。用恰当的性质及强度描述标志所得的结果。

② 热法(60℃)　将冷法中的三角瓶用表面皿盖好,放在石棉网上徐徐加热,使水温到(60±2)℃。振荡瓶内水样,按冷法记录所闻水的气味,并注明测定温度。

③ 煮沸法　同上法,闻煮沸后水样的气味。

(2) 结果的表示

文字叙述时的参考　正常——不具有任何气味;芳香气——花香、水果气味等;甜气味——蜜甜气味;不愉快气味分为下列各类:鱼腥味、家畜气味、污物气味、泥土气味(烂泥、沙土等气味)、草气味(青草味)、霉烂气味(如稻草发霉)、霉臭气味(产生臭气的腐烂物)、植物气味(植物的根、茎气味)。臭的强度大致可分为六级,如表1-15所示。

表 1-15 臭的强度等级

强度等级	程 度	说 明
0	无臭	不发生任何气味
1	极微弱	一般饮用者甚难感觉出有臭味,但有经验的水分析工作者能区别出来
2	弱	饮用者不易感觉,但加以指出后,就可发觉
3	明显	易于察觉,此种水不加处理则不能应用
4	强	此种水使人嗅了后,产生不愉快的感觉,不适于作酿造用水
5	极强	严重污染的水,不适于作为酿造用水及其他用水

4. 味的检验

(1) 仪器

全部玻璃器皿必须在使用前用无臭肥皂及酸性洗液洗涤,然后再用无臭水冲洗,使其不具有任何气味。

测味瓶:具玻璃塞的 500mL 三角瓶或 500mL 广口瓶,以培养皿作瓶盖;恒温水浴:(60±1)℃;温度计:0~100℃;无味水发生瓶;尝味仪器:每一稀释试样和空白试样置于清洁的 50mL 烧杯中,盖以培养皿。

(2) 操作

吸取水样 0mL、2.8mL、12.0mL、50.0mL 于 500mL 带玻璃塞的三角瓶中,各加无味水至总体积为 200mL。置三角瓶于恒温水浴中加热至 (60±1)℃。振摇盛无味水的三角瓶,取下瓶塞,闻其气味。按同法试验水样含量最少的一瓶。若此种稀释度还能检查出味,则需按下文中的操作再配制更稀的水样。若第一个稀释度已不能检查出味,则用次一个稍高试样含量的稀释液进行试验。如此操作直至找出能检查出味的最低稀释度的试液。若水样需要稀释的程度超过了表 1-16 所示,则应配制一系列稀释试样,并在系列中预计的味阈值的瓶旁边插入 1 个或数个空白,但不应重复。提供每一个试验人员一系列未知试样,每一试样用一已知的空白作对照,两者均放入 50mL 烧杯中,各 15mL。试验人员分别取少量水样与空白样于口中含几秒钟,判断未知水样的味道或后味。按浓度增加的顺序依次试验水样,直至找到试样的味阈值。

表 1-16 与各种稀释度相应的味阈值

稀释至 200mL 水样所取体积/mL	味 阈 值	稀释至 200mL 水样所取体积/mL	味 阈 值
200	1	12	17
140	1.4	8.3	24
100	2	5.7	35
70	3	4	50
50	4	2.8	70
35	6	2	100
20	8	1.4	1400
17	12	1.0	200

5. 可溶性固形物的测定

(1) 原理

将水样滤液在 103~105℃ 或 179~181℃ 下干燥至恒重,以水样中能通过过滤器而又不在干燥中挥发的物质之总和表示水样中的溶解性固体（可溶性固形物）。

(2) 仪器

瓷蒸发皿：容积150～200mL；蒸汽浴；烘箱：温度可自行控制，温度变化保持在2℃以内。滤器根据测定需要选择其中之一，滤纸为细密无灰定量滤纸，滤膜采用商品滤膜，孔径约5μm，烧结玻璃坩埚（滤片5号），古氏坩埚。上述四种滤器均可应用，但以前两者最为方便。若同时测定悬浮性固体，则以用后两者为宜。若同时还测悬浮性固体的固定残渣，则采用古氏坩埚为宜。选择与选定的滤器相适应的过滤设备。

(3) 操作

取部分水样用上述滤器中的一种过滤，吸取100mL滤液于已恒重的蒸发皿中，置皿中蒸汽浴上蒸发至干。再移入103～105℃或179～181℃烘箱中干燥1h，取出，放入干燥器中冷却。蒸发皿冷却至室温后，立即称重，再次放入同一温度的烘箱中干燥30min，移入干燥器冷却30min后再次称重，两次重量相差不超过0.4mg即可认为恒重，否则需再次干燥直至恒重。

(4) 计算

$$可溶性固形物含量 = \frac{(m_2 - m_1) \times 1000 \times 1000}{V_S} (mg/L)$$

式中，m_1为蒸发皿质量，g；m_2为蒸发皿及可溶性固形物质量，g；V_S为取样体积，mL。

6. 电导率的测定

(1) 原理

以平行地嵌在玻璃板上的两块大小相同的铂片为电极，用电导率仪直接测量水样的电导率。水样电导率的大小除与水样的导电性能有关外，还与电极铂片的面积及间距有关。电极常数在出厂时已用标准氯化钾溶液测定，并在使用时由仪器的电极常数调节器得到补偿，因此测得的读数即为电导率。

测量最好能在25℃下进行，因为电极常数的测定是以25℃的标准氯化钾溶液为标准的。但在一般室温（20～30℃）下也可进行，因为在室温下，氯化钾溶液的电导率变化幅度大致和水样相同，都为每摄氏度变化2%左右。

(2) 仪器

电导率仪DDS-11A型或其他型号的仪器。

(3) 操作

用水样充分淋洗50mL烧杯，然后用水样将烧杯注满。按电导率仪使用说明书的介绍，根据对水样中电离物质浓度的估计，选择适当电极浸入水样，测定水样的电导率。

7. 酸度的测定

(1) 原理

酸度用碱标准溶液滴定水样至一定pH测定，并由滴定的碱标准溶液的用量来计算，以mmol/L表示。滴定终点的pH一般控制在8.3和4.4，pH8.3是酚酞的变色点，而pH4.4是甲基橙由橙红色刚变为黄色时的pH。所以可分别用酚酞或甲基橙来指示滴定终点。用甲基橙为指示剂滴定的酸度是较强酸类的总和，称为甲基橙酸度，又称强酸酸度。用酚酞为指示剂滴定的酸度是全部酸度，叫酚酞酸度，又称总酸度，一般用浓度$c(1/z A^{z+})$表示。

酿造所用的许多天然水中通常都存在碳酸盐、酸式碳酸盐和二氧化碳之间的平衡。当足够数量的酸性物质污染水源时，这种碳酸盐-酸式碳酸盐-二氧化碳的平衡将被破坏，其破坏程度可由甲基橙酸度和酚酞酸度的变化来检测。因此，水样酸度的测定一般是两种酸度同时测定。滴定酚酞存在下沸腾状态的水样，对控制水源被矿山排出的矿物酸和酸性盐或某些工业废水的污染是有用的。加热能加速硫酸铁和硫酸铝的水解，使滴定迅速完成。因此当水中含有较多硫酸铁、硫酸铝时，可以酚酞为指示剂在沸腾时滴定。

(2) 试剂

不含二氧化碳的水；酚酞指示剂（0.1%乙醇溶液）；甲基橙指示剂（0.5g/L）；NaOH标准溶液（0.02mol/L）；$Na_2S_2O_3$溶液（0.1mol/L）。

(3) 操作

① 甲基橙酸度的测定　吸取水样100mL于250mL三角瓶中。若水样中有游离的余氯，则加入0.05mL 0.1mol/L $Na_2S_2O_3$溶液除去。加0.1mL甲基橙指示剂，置三角瓶于白瓷板或白纸上，用0.02mol/L NaOH标准溶液滴定至溶液由橙红色转变为明显橘黄色。

② 酚酞酸度的测定　吸取同操作①相同体积的水样于250mL三角瓶中，加入0.15mL酚酞指示液，置三角瓶于白瓷板或白纸上，用0.02mol/L NaOH标准溶液滴定至溶液呈现明显的粉红色。

③ 煮沸温度的酚酞酸度　吸取同操作①相同体积的水样于白瓷皿或三角瓶中，加0.15～0.5mL酚酞指示液，加热至沸后再继续煮沸2min，在白色表面上用0.02mol/L NaOH标准溶液趁热滴定至不褪的粉红色。

(4) 计算

$$\text{甲基橙酸度}\ c\left(\frac{1}{z}A^{z+}\right) = \frac{V_1 \times c \times 1000}{V_S}(\text{mmol/L})$$

$$\text{酚酞酸度}\ c\left(\frac{1}{z}A^{z+}\right) = \frac{V_2 \times c \times 1000}{V_S}(\text{mmol/L})$$

$$\text{煮沸温度的酚酞酸度} = \frac{V_3 \times c \times 1000}{V_S}(\text{mmol/L})$$

式中，V_1为用甲基橙作指示剂消耗的NaOH标准溶液的体积，mL；V_2为酚酞作指示剂消耗的NaOH标准溶液的体积，mL；V_3为用酚酞作指示剂滴定煮沸试样消耗的NaOH标准溶液的体积，mL；c为NaOH标准溶液的浓度，mol/mL，V_S为取样体积，mL。

8. 碱度的测定

(1) 原理

当水样用酸标准溶液滴定时，水中各种碱性物质与氢离子发生如下反应：

$$\text{氢氧化物}\ OH^- + H^+ \longrightarrow H_2O$$

$$\text{碳酸盐}\ CO_3^{2-} + H^+ \longrightarrow HCO_3^-$$

$$\text{酸式碳酸盐}\ HCO_3^- + H^+ \longrightarrow H_2O + CO_2 \uparrow$$

在水样中加入适当的指示剂，即可测出水样的各种碱度。用酚酞作指示剂，以酸滴定的终点为pH=8.3，测得的为氢氧化物及一半碳酸盐的碱度。用甲基橙或溴酚绿-甲基红混合物为指示剂，以酸滴定的终点为pH=4～5，测得的是氢氧化物、酸式碳酸盐及碳酸盐的总碱度。碱度一般用浓度$c(1/z\ B^{z-})$表示。强酸滴定弱碱或弱酸盐的等电点以及等电点附近的pH突跃与弱酸盐的浓度有关。水样总碱度滴定时的等电点，在不同总碱度时不同：总碱度为0.6mmol/L时，等电点为pH=5.1；总碱度为3mmol/L时，等电点为pH=4.8；总碱度为10mmol/L时，等电点为pH=4.5。因此在高pH值时，适宜用甲基橙指示终点。当碱度很低时，等电点附近的pH突跃很小，用指示剂得不到敏锐的滴定终点，则用电位滴定法为宜。

(2) 仪器

电位滴定计或配有电磁搅拌器的酸度计；微量滴定管。

(3) 试剂

不含二氧化碳的水：用于制备和稀释溶液，电导率应不大于 $2\mu/(\Omega \cdot cm)$，pH 值应不低于 6.0；酚酞指示液（1g/L乙醇溶液）；溴酚绿-甲基红混合指示液；甲基橙指示液（1g/L）；$\frac{1}{2}H_2SO_4$ 或 HCl 标准溶液（0.02mol/L）；硫代硫酸钠溶液（0.1mol/L）。

(4) 操作

① 酚酞碱度的测定 吸取适当体积水样于 250mL 三角瓶中。若水样中有余氯，则加入 1 滴 0.1mol/L 硫代硫酸钠溶液，加 0.1mL 酚酞指示液。如溶液呈现红色，则用 0.02mol/L 酸标准溶液滴定至颜色恰好消失。

② 溴甲酚绿-甲基红混合指示剂法测定总碱度 在测定过酚酞碱度的溶液中或另外一份水样中，加入溴甲酚绿-甲基红混合指示液 0.15mL，如溶液呈蓝绿色，则用 0.02mol/L 酸标准溶液滴定至适当颜色的终点，指示剂产生如下颜色反应：pH=5.2 以上，蓝绿色；pH=5.0，淡蓝色略带灰紫；pH=4.8，浅灰红色中略带蓝色；pH=4.6，粉红色。可根据水样总碱度的大小，选择适当颜色作为终点。

③ 甲基橙指示剂法测定总碱度 在滴定过酚酞碱度的溶液或另外一份水样中，加入 0.1mL 甲基橙指示液，若溶液呈橙黄色，则用 0.2mol/L 酸标准溶液滴定至溶液呈淡橙红色。

④ 电位滴定法低碱度水样的测定 在水样碱度低于 0.2mmol/L 时，最好用电位滴定法测定。取适当体积水样，用微量滴定管小心滴入酸标准溶液，由电位滴定计或酸度计指示溶液的 pH 值。分别记录溶液 pH 值达到 4.5 和 4.2 时酸标准溶液的用量。

(5) 碱度的计算

① 指示剂法

$$酚酞碱度 = \frac{V_1 \times c \times 1000}{V_S}(mmol/L)$$

$$总碱度 = \frac{V_2 \times c \times 1000}{V_S}(mmol/L)$$

② 低碱度的电位滴定法

$$总碱度 = \frac{(V_3 - V_4) \times c \times 1000}{V_S}(mmol/L)$$

式中，c 为酸标准溶液的浓度，mol/L；V_1 为滴定至酚酞终点的酸液用量，mL；V_2 为滴定至混合指示剂或甲基橙终点的酸液用量，mL；V_3 为滴定至 pH=4.5 的酸液用量，mL；V_4 为滴定至 pH=4.2 的酸液用量，mL；V_S 为取样量，mL。

(6) 各种碱性化合物含量的计算

当水样中除氢氧化物、碳酸盐和酸式碳酸盐外，不存在显著浓度的其他碱性物质时，上述碱性化合物的浓度可用如下公式计算：

$$氢氧化物 = \frac{V_A \times c \times 1000}{V_S}(mmol/L)$$

或

$$氢氧化物 = \frac{V_A \times c \times 17.01 \times 1000}{V_S}(\text{mg/L})$$

$$碳酸盐 = \frac{V_B \times c \times 1000}{V_S}(\text{mmol/L})$$

或

$$碳酸盐 = \frac{V_B \times c \times 30.00 \times 1000}{V_S}(\text{mg/L})$$

$$酸式碳酸盐 = \frac{V_C \times c \times 1000}{V_S}(\text{mmol/L})$$

或

$$酸式碳酸盐 = \frac{V_C \times c \times 61.02 \times 1000}{V_S}(\text{mg/L})$$

式中，V_A、V_B、V_C 为滴定中与水样中氢氧化物、碳酸盐、酸式碳酸盐作用的相应酸标准溶液的体积，mL；c 为酸标准溶液的浓度，mol/L；V_S 为取样量，mL；17.01、30.00、61.02 为 OH^-、$\frac{1}{2}HCO_3^{2-}$、HCO_3^- 相对应的摩尔质量，g/mol。

9. 硬度的测定

(1) 硬度的计算法

根据硬度的定义，由钙、镁测定的结果计算水的总硬度是最准确的方法。如果产生硬度的其他阳离子有较高的含量，则也必须包括在计算内。将产生硬度的每一阳离子的浓度乘以适当的系数，折算成相当的硬度。再将各硬度相加，即为总硬度。

(2) 总硬度的 EDTA 滴定法

① 原理　在 pH=10 的缓冲溶液中，水样中的钙、镁离子与 EDTA 生成稳定的络合物，可以用铬黑 T 为指示剂，以 EDTA 标准溶液滴定。铬黑 T 在该 pH 值时，与钙、镁离子生成酒红色络合物，终点时显示指示剂本身的蓝色。但对钙不如对镁灵敏，若在缓冲液中加入少量 EDTA 镁盐，将会使终点敏锐。某些金属离子干扰测定，可在滴定前加入适当掩蔽剂消除干扰。

② 溶剂

EDTA 标准溶液：浓度为 0.01mol/L。

缓冲溶液：称取 16.9g 氯化铵，溶于 143mL 氨水中，加入 1.25g EDTA 镁盐，稀释至 250mL，pH=10。

指示剂：10g/L 铬黑 T 溶液或 NaCl（1+100）固体指示剂。

三乙醇胺溶液：用于掩蔽少量的铁、铝、锰离子。如指示剂中加有三乙醇胺，将使终点足够敏锐，也可不加。

硫酸钠溶液：5.0g $Na_2S \cdot 9H_2O$ 或 3.7g $Na_2S \cdot 5H_2O$ 溶于 100mL 水，用于掩蔽少量铜。

盐酸羟胺溶液：1g 盐酸羟胺（$NH_2OH \cdot HCl$）溶于 100mL 水中，用于掩蔽微量锰。

③ 操作

一般试样的滴定：取 25.00mL 水样于 250mL 三角瓶中，稀释至约 50mL，加入 1~2mL 缓冲溶液，加 1~2 滴铬黑 T 指示剂或少许固体指示剂粉末，慢慢加入 EDTA 标准溶液至溶液由酒红色变为纯蓝色，即为终点。在滴入最后几滴时，两滴之间应间隔 3~5s。整个滴定从加入缓冲液算起,不应超过5min。如果有足够的水样,并且水样中也不存在干扰,那么可加大试样量来增加准确度,按下面操作进行。

低硬度试样的确定:对离子交换器放出水或其他软化水,以及低硬度的天然水硬度的测定,应取较大量水样(100~1000mL),并按比例增加缓冲溶液和指示剂的用量,用微量滴定管慢慢滴入EDTA标准溶液,同时用等体积的水、重蒸水或无离子水作为空白,加入同样体积的缓冲溶液和指示剂进行比较。

④ 计算

$$总硬度 \ c\left(\frac{1}{z}Ca^{2+}, \frac{1}{z}Mg^{2+}\right) = \frac{c_0 \times V}{V_s} \times 1000$$

或

$$总硬度(°d) = \frac{c_0 \times V \times 2.804}{V_s} \times 1000$$

式中,c_0 为EDTA标准溶液的浓度,mol/L;V 为EDTA标准溶液的用量,mL;V_s 为取样量,mL;2.804为硬度mmol/L与德国度(°d)的换算系数。

10. 硫酸盐的测定

(1) 原理

硫酸盐在盐酸介质中,加氯化钡转变为白色的硫酸钡沉淀。

$$SO_4^{2-} + Ba^{2+} \longrightarrow BaSO_4 \downarrow$$

将沉淀经过一定时间陈化后过滤,洗涤,干燥,称量,然后根据硫酸钡的质量计算硫酸盐的含量。水样中含有悬浮物、二氧化硅、亚硫酸盐等时,会使结果偏高。碱金属硫酸盐的存在常使结果偏低,铁、铬等重金属的存在也会使结果偏低。

(2) 仪器

蒸汽浴;烘箱;烧结玻璃漏斗容量35mL,滤片号5号;吸滤瓶与漏斗配套。

(3) 试剂

甲基红指示剂(g/L);盐酸(1+1);氯化钡溶液:100g氯化钡溶于1L水中,使用前用滤纸过滤,此溶液每毫升可沉淀 SO_4^{2-} 40g;硝酸银溶液:85g硝酸银和0.5mL硝酸溶于500mL水中。

(4) 操作

量取250mL澄清水样,用盐酸酸化至pH 4.5~5.0,再多加1~2mL。将溶液加热至沸,在缓缓搅拌下慢慢加入温热的氯化钡溶液至完全沉淀,再过量2mL。如果沉淀量很少,则加入总量为5mL的氯化钡溶液,在80~90℃保温2h,冷至温热,用已在105℃烘至恒重的烧结玻璃漏斗以倾斜法抽滤。用热水少量几次洗涤沉淀直至洗液用硝酸银溶液检查无氯离子为止。将漏斗放入烘箱,在105℃干燥45min,冷却称量,直至恒重。

(5) 计算

$$硫酸盐含量(SO_4^{2-}) = \frac{m \times 0.4416}{V_s} \times 1000 (mg/L)$$

式中,m 为硫酸钡质量,mg;V_s 为试样量,mL;0.4416为换算系数。

11. pH

pH测定是水化学中最重要、最经常应用的化验项目之一。水的pH与抑制有害细菌的繁殖、促进酵母的生长、糖化发酵的正常进行,以及保证优良的酒质,均密切相关。测定pH的方法应用最广泛的是pH试纸法、标准管比色法和pH计测定法。前两者为化学分析法,简便而经济,但受颜色、浊度、胶体物、各种氧化剂和还原剂等的干扰。后者为电化学通用法，准确度较高，操作亦方便。

(1) 试纸法

撕下一小片 pH 广泛试剂或精密试纸用干净的玻璃棒蘸上少量水样，滴在试纸的一端，使其呈色，在 2~3s 内与标准色阶表比较。

(2) pH 计法

① 原理　用 pH 计（电位）测定法测定水的 pH 时，常用的指示电极为 pH 玻璃电极，参比电极有甘汞电极，也可采用复合电极。当以 pH 玻璃电极为指示电极，甘汞电极为参比电极，插入水样时，将构成一电池反应，两者之间会产生一个电位差。由于参比电极的电位是固定的，因而该电位差的大小取决于水样中氢离子活度（氢离子活度的负对数即为 pH）。因此，可用电位滴定仪测定其电动势，再换算成 pH，一般可直接用 pH 计读得 pH。

② 仪器与试剂

a. 酸度计：精度 0.02pH。

b. 指示电极-玻璃电极：用前应在水中浸泡 24h 以上。使用后应立即清洗干净，长期浸入水中。

c. 参比电极-饱和甘汞电极：使用时，电极上端小孔的橡皮塞应拔出。电极内氯化钾溶液应保持有少量结晶，溶液中不得有气泡。使用后用水冲洗干净，插上胶冒放置。

d. pH＝4.01 标准缓冲溶液：准确称取 10.21g 在 105℃ 烘箱中干燥过的邻苯二甲酸氢钾，用无二氧化碳的水溶解，并定容至 1000mL，即为 pH 4.01、浓度为 0.05mol/L 邻苯二甲酸氢钾标准缓冲溶液。

e. pH＝9.18 标准缓冲溶液：准确称取 3.81g 四硼酸钠，用无二氧化碳的水溶解，并定容至 1000mL。

f. pH＝6.87 标准缓冲溶液：准确称取 3.39g 在 45℃ 烘过的磷酸二氢钾和 3.53g 无水磷酸氢二钠，用无二氧化碳的水溶解，并定容至 1000mL。

③ 测定步骤　按酸度计的使用说明书安装，用上述 3 种标准缓冲溶液校正酸度计（酸性样液用 pH＝4.01 调，中性用 pH＝6.87 调，碱性用 pH＝9.18 调）。用水冲洗电极，再用试液洗涤电极两次，用滤纸吸干电极外面附着的液珠，调整试液温度至 (25±1)℃，直接测定，直至 pH 读数稳定 1min 为止，记录。同一试样两次测定结果之差，不得超过 0.05pH。

二、白酒降度用水

1. 白酒酿造用水与稀释降度用水的区别

水在白酒酿造过程中是必不可少的。没有一定量的水，酿造微生物就不能很好地繁殖生长，粮食中的淀粉也变不成酒。因此在培菌、酿造的生产工艺中，水分的多少及妥善掌握其变化都是十分重要的。在酿造生产各个环节中，对水都有一定的控制范围和要求，以使发酵得以顺利进行，达到优质高产的目的，为此，对于水的质量要求，应是有利于酿酒微生物的正常活动，没有异杂臭味，没受污染，温度适宜的洁净水。

白酒属蒸馏酒，它有别于黄酒、葡萄酒、啤酒等酿造酒。它们在酿造用水上的最主要差别就在于前者不直接进入产品，而后者却直接进入产品，也就是说酿造酒类用水质量好坏直接影响到产品的风味质量，因此其对于水质的要求要高得多。随着科学技术的发展，白酒风味质量决定于酿造工艺已为人们所认识，所以，对于白酒酿造用水的质量要求，应该建立在科学分析、实事求是的态度上，不能言过其实。

但自20世纪70年代低度白酒问世以来，其生产工艺至今都采用高度原酒加水稀释降度的方法，这样，降度用水的质量就与酿造一样，成为直接影响产品质量的重要因素之一。

2. 白酒降度用水的选择及要求

食品工厂因生产的产品不同，水质标准也不完全一样。但总的来讲，稀释降度用水的质量标准首先应符合我国《生活饮用水卫生标准》(GB 5749—2006)。在用高度原酒加水降度时，当使用硬度大的地下水时，由于水中的钙、镁离子及其盐类大量进入酒中，将会出现钙、镁盐的白色沉淀。有时在使用未除净洗瓶水的新玻璃瓶装酒后，由于玻璃瓶中残余的硅酸盐与酒中的酸起作用也会出现白色硅酸盐沉淀。这类沉淀往往在产品包装出厂后，在贮放过程中重现，形成外观质量问题。因此，对于降度用水的要求，除了符合上述标准外，还必须软化处理。

降度用水是白酒酿造用水中的一个特殊组成部分，不同于一般酿造用水，其特定的要求如下。

① 总硬度应小于1.783mmol/L，低矿化度，总盐量少于100mg/L。因微量无机离子也是白酒的组分，故不宜用蒸馏水作为降度用水。

② NH_3含量低于0.1mg/L。

③ 铁含量低于0.1mg/L。

④ 铝含量低于0.1mg/L。

⑤ 不应有腐殖质的分解物。将10mg高锰酸钾溶解在1L水中，若20min内完全褪色，则不能作为降度用水。

⑥ 自来水应用活性炭将氯吸附，并经过滤后使用。若水质不符合规定要求，应予以适当处理。

思考题

1. 酿酒原料选择应遵循的一般原则有哪些？
2. 原料分析包括哪些项目？
3. 酿酒的谷物原料有哪些？
4. 酿酒的薯类原料有哪些？
5. 酿酒主要原料对酒品风味质量会产生怎样的影响？
6. 辅料在酿酒中发挥什么作用？
7. 白酒酿造用水与稀释降度用水的区别？
8. 降度用水的特殊要求有哪些？

第二章 酒曲的生产

学习目标

【掌握】 酒曲的分类、特点及高温曲、中温曲、低温曲、麸曲的生产技术。
【了解】 各种酒曲质量判断方法。

酒曲是我国酿酒技术的重大发明，它是世界上最早的包含各种微生物的复合酶制剂。酒曲的起源已不可考，关于酒曲的最早文字可能就是周朝著作《书经·说命篇》中的"若作酒醴，尔惟曲糵"，后在《齐民要术》、《北山酒经》中论述了多种制取方法和技艺，直至在《天工开物》中提出了相当完善的制取工艺，例如培养曲种的传代、添加酒糟以调节酸度、提供营养等。因此有人称酒曲是我国古代的第五大发明。在生产技术上，由于对微生物及酿酒理论知识的掌握，酒曲的发展跃上了一个新台阶。人们对原始生产技术加以改良，就制成了适于酿酒的酒曲。由于所采用的原料及制作方法不同，生产地区的自然条件有异，酒曲的品种丰富多彩。大致在宋代，中国酒曲的种类和制造技术基本上定型。后世在此基础上还有一些改进。

一、酒曲分类

酒曲有5种常用的分类方法，即按照制曲原料种类、原料熟化与否、添加物种类、曲块形态及酒曲中微生物来源分类。按照制曲原料来分主要有小麦、稻米及麸皮，因而分别称为麦曲、米曲、麸曲。用稻米制的曲种类也很多，如用米粉制成的小曲，用蒸熟的米饭制成的红曲、乌衣红曲、米曲（米曲霉）等；按原料是否熟化处理可分为生麦曲和熟麦曲；按曲中的添加物来分又有很多种类，如加入中草药的称为药曲，加入豆类原料的称为豆曲（豌豆、绿豆等）；按曲块形态可分为大曲（草包曲、砖曲、挂曲）和小曲（饼曲），散曲（见图2-1）；按酒曲中微生物的来源分为传统酒曲（微生物的天然接种）和纯种酒曲（如米曲霉接种的米曲，根霉菌接种的根霉曲，黑曲霉接种的酒曲）。中国酒曲的主要品种及典型酒种见表2-1。

表 2-1 中国酒曲的主要品种及典型酒种

类别	主 要 品 种	典 型 酒 种
大曲	传统大曲；强化大曲（半纯种）；纯种大曲	蒸馏酒
小曲	按接种法分传统小曲和纯种小曲；按用途分为黄酒小曲，白酒小曲，甜酒药；按原料分为麸皮小曲，米粉曲，液体曲	黄酒和小曲白酒
麸曲	地面曲，盒子曲，帘子曲，通风曲，液体曲	大曲酒、小曲酒、麸曲白酒
红曲	主要分为乌衣红曲和红曲，红曲又分为传统红曲和纯种红曲	红曲酒的酿造（黄酒）
麦曲	传统麦曲（草包曲，砖曲，挂曲，爆曲）；纯种麦曲（通风曲，地面曲，盒子曲）	黄酒

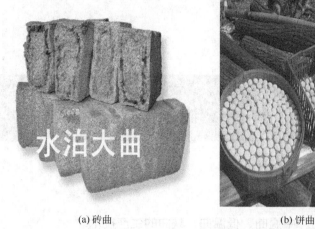

(a) 砖曲　　　　　　　　(b) 饼曲　　　　　　　　(c) 散曲

图 2-1　酒曲的常见形态

二、制曲原料

用于白酒生产的曲有很多种，不同种类的曲有不同的制曲工艺，使用的原料也不同。选用原料，一要考虑培菌过程满足微生物的营养需要；二要考虑传统特点和原料特性。一般选用含营养物质丰富，能供给微生物生长繁殖，对白酒香味物质形成有益的物质作为原料。制大曲常用的有小麦、大麦、豌豆、胡豆（即蚕豆）等；小曲以麦麸、大米或米糠为原料；麸曲以麸皮为原料。常见制曲原料见图 2-2。

(a) 小麦、高粱、大米、　　　　(b) 麸皮　　　　　　(c) 豌豆
　　糯米、玉米

图 2-2　常用制曲原料

1. 原料的感官理化要求

制曲原料的感官要求是：颗粒饱满，新鲜，无虫蛀，不霉变，干燥适宜，无异杂味，无泥沙及其他杂物。各种原料的理化成分要求见表 2-2。

表 2-2　制曲原料的理化成分　　　　　　　　单位：%

成分 种类	水　分	粗　淀　粉	粗　蛋　白　质	粗　脂　肪	粗　纤　维	灰　分
小麦	12.8	61～65	7.2～9.8	2.5～2.9	1.2～1.6	1.66～2.9
大麦	11.5～12	61～62.5	11.2～12.5	1.69～2.8	7.2～7.9	3.44～4.22
豌豆	10～12	45.15～51.5	25.5～27.5	3.9～4	1.3～1.6	3.0～3.1

续表

成分 种类	水 分	粗 淀 粉	粗 蛋 白 质	粗 脂 肪	粗 纤 维	灰 分
大米	11.52	61～62.5	11.2～12.5	1.89～2.8	7.2～7.9	3.44～4.22
米糠	13.5	37.5	14.8	1.82	9.0	9.4
麸皮	12	15.2	2.68	4.5	—	5.26

2. 制曲原料与曲质的关系

(1) 小麦

小麦含淀粉较高，黏着力强，氨基酸种类达20余种，维生素含量极为丰富，是微生物生长繁殖的良好天然培养基。粉碎适度，制出的曲胚不易松散失水，又没有黏着力过大而蓄水过多的缺点，适合微生物生长繁殖，是制大曲的优质原料，如名白酒中的五粮液酒、茅台酒、泸州老窖酒、全兴大曲酒制大曲小麦用量占95%以上，有的是100%。

(2) 大麦

大麦中含的维生素和生长素可刺激酵母和许多霉菌生长，是培养微生物的天然培养基。大麦含皮壳多，踩制的曲胚疏松，透气性好，散热快，在培菌过程中水分易蒸发，有上火快，退火也快的特点。由于曲胚不易保温，制曲时一般需添加黏性较大的豌豆20%～40%。

(3) 豌豆

豌豆含蛋白质丰富，淀粉含量较低，黏性大，易结块，有上火慢、退火也慢的特点，控制不好容易烧曲，故常与大麦配合使用，一般大麦与豌豆按6∶4或7∶3混合，这样可使曲胚踩得紧实，按预定的品温升降培养，保持成曲断面清亮，能赋予白酒清香味和曲香味。

(4) 大米

大米淀粉含量较高，含脂肪较少，结构疏松，是制小曲的主要原料，如四川邛崃米曲、厦门白曲、桂林酒曲丸等都是用大米或加米糠、药材制成的。

(5) 麸皮

麸皮含淀粉15%左右，并含有多种维生素和矿物质，具有良好的通气性、疏松性和吸收性，是多种微生物生长的良好培养基，是麸曲的主要原料。在制曲培菌过程中，霉菌生长繁殖所消耗的淀粉约14%，通常不必补充麸皮，而培养固体酵母时，麸皮中的淀粉不能被酵母直接利用，应先将麸皮淀粉糖化灭菌后使用。

第一节 大曲的生产

一、大曲概述

大曲又称块曲或砖曲，以大麦、小麦、豌豆等为原料，经过粉碎，加水混捏，压成曲醅，形似砖块，大小不等，让自然界各种微生物在上面生长而制成，统称大曲。

元代以来，蒸馏烧酒开始普及，很大一部分麦曲用于烧酒的酿造。因而传统的麦曲中分化出一种大曲,虽然在原料上与黄酒用曲基本相同,但在制法上有一定的特点。到了近现代,大曲与黄酒所用的麦曲便成为两种不同类型的酒曲。明清时期,河南、淮安一带成了中国大曲的主要生产基地。

1. 大曲的特点

大曲作为酿制大曲酒的糖化剂、发酵剂,在制作过程中依靠自然界中的各种野生菌,在淀粉质原料中进行富集、扩大培养,保存了各种酿酒用的有益微生物,再经过风干、贮藏,即成为成品大曲。每块大曲的质量为 2~3kg,一般要求贮藏 3 个月以上,成为陈曲才能使用。制曲原料中要求含有丰富的糖类(主要是淀粉)、蛋白质以及适量的无机盐等,以提供酿酒有益微生物生长所需要的营养成分。由于微生物对于培养基(营养物质)具有选择性,若培养基是以淀粉为主,则曲种生长的微生物必须是以对淀粉分解能力强的菌种为主,若以富于蛋白质的黄豆作为培养基,必须是对蛋白质分解能力强的微生物占优势,酿制白酒用的大曲也是一种微生物的选择培养基。由于小麦含丰富的面筋质,因此完全用小麦做的大曲,黏着力强,营养丰富,适于霉菌生长。其他的麦类如大麦、荞麦,由于缺少黏性,制曲过程中水分容易蒸发,热量也不易保存,因此不适于微生物生长。所以在用大麦或其他杂麦为原料时,常添加 20%~40% 的豆类,以增加黏着力,同时增加营养。但如果配料中豆类用料过多,则黏性太强,容易引起高温细菌的繁殖而导致制曲的失败。

大曲是用生料制曲,这样有利于保存原料中富含的水解酶,如小麦麸皮中的 β-淀粉酶含量与麦芽的含量差不多,有利于大曲酒酿制过程中的糖化作用。

大曲中含有丰富的微生物,能提供酿酒所需的多种微生物混合体系。特别是大曲中含有霉菌,这是世界上最早的把霉菌应用于酿酒的实例。大曲中的微生物复杂,种类繁多,并随制曲工艺不同而异。总的来说有霉菌、酵母菌和细菌三大类。大曲中的主要微生物及其作用如下。

(1) 酵母菌

主要为酵母属、汉逊酵母属,还有假丝酵母属和拟内孢霉属等。酵母属菌主要起产生酒精作用;汉逊酵母菌属的多数菌种能产生香味。

(2) 霉菌

主要有根霉属、毛霉属、曲霉属(黄曲霉、米曲霉、黑曲霉等)、红曲霉属、犁头霉属和白地霉等。霉菌主要起分解蛋白质和糖的作用。

(3) 细菌

主要有乳酸杆菌、乳链球菌、醋酸杆菌属、芽孢杆菌属以及产气杆菌属等。大曲中的细菌多具有分解蛋白质和产酸的能力,有利于酯的形成。中温大曲由于制曲最高品温在 50℃以下,故其中微生物的种类和数量要比高温曲的多,成曲糖化和发酵力也较高,但液化力和蛋白质分解力较弱。

微生物在曲块上生长繁殖时,分泌出各种水解酶类,使大曲具有液化力、产酯力。在制曲过程中,微生物分解原料形成代谢产物,如氨基酸、阿魏酸等,它们是形成大曲酒特有香味的前体物质。氨基酸同时还向酿酒微生物提供氮源,因而对成品酒的香型和风味也起重要作用。

由于在不同季节里,自然界中微生物群的分布状况有差异,一般是春、秋季酵母比例大,夏季霉菌多,冬季细菌多,因此大曲的踩曲季节一般以春末夏初到中秋节前后最为合适。在春末夏初这个季节,气温和湿度都比较高,有利于控制曲室的培养条件,被认为是最好的踩曲季节。由于生产的发展,目前很多名酒厂已发展到全年制曲。

大曲的糖化力、发酵力均相应比纯种培养的麸曲、酒母低，粮食耗用量大，生产方法还依赖于经验，劳动生产率低，质量也不够稳定。经过原轻工业部的推广，全国除名酒和优质酒外，大部分大曲白酒已经改为麸曲白酒。辽宁凌川酒和山西祁县的六曲香酒是根据大曲中含有多种微生物群的原理，采用多菌种纯种培养后混合使用制成的，出酒率较高，具有大曲酒的风味，是今后发展的方向。由于大曲中含有多种微生物群，因此在制曲及酿酒过程中，形成的代谢产物种类繁多，使大曲酒具有丰富多彩的芳香味和醇厚回甜的口味，且各种大曲酒均具有独特的香型、风格，目前其他方法酿造的酒尚不能达到这种水平。另外，大曲也便于保存和运输，所以名白酒及优质酒仍采用大曲进行生产。

2. 大曲的类型

根据制曲过程中，对曲坯控制的温度不同，可将大曲分为高温曲、中温曲及低温曲三种类型。高温曲品温不超过60～65℃，中温曲品温不超过50～60℃，低温曲品温不超过45℃。高温大曲主要用于生产酱香型大曲酒，如茅台酒（60～65℃）、长沙的白沙液大曲酒（62～64℃）；中温大曲主要用于生产浓香型大曲酒，如五粮液（58～60℃）、洋河大曲（50～60℃）、泸州老窖（55～60℃）和全兴大曲（60℃）；低温大曲及次中温大曲主要用于生产清香型大曲酒，如汾酒（45～48℃）。

在我国的代表酒种中，汾酒采用低温曲进行生产；高温曲主要用来生产茅香型大曲酒；泸型大曲酒虽然也可以使用高温曲，但是制曲过程中的品温较茅香型大曲略低，大多采用中温曲。因此，大曲酒的香型与所用曲的类型是密切相关的。除汾酒大曲和董酒麦曲外，绝大多数名优酒厂都倾向于高温制曲，以提高曲的香型，有人认为生产高温曲是使大曲内菌系向繁殖细菌的方向转化。我国名优白酒制备各种大曲的最高品温见表2-3。

表2-3 名优白酒制备各种大曲的最高品温

酒曲名称	最高温度/℃	酒曲名称	最高温度/℃
茅台酒曲	60～65	汾酒酒曲	45～48
五粮液酒曲	58～60	西凤酒酒曲	58～60
全兴酒酒曲	60	董酒酒曲	44
泸州老窖酒曲	55～60	龙滨酒酒曲	60～63

低温类型的汾酒大曲，制曲工艺着重于"排列"，操作严谨，保温、保潮、降温等各阶段环环相扣，要控制酒坯品温最高不超过50℃。汾酒的制曲原料为大麦和豌豆，这是香兰素和香兰素酸的来源，可以使汾酒具有清香型。

西凤曲属于中温曲，其主要特点是曲坯水分大（43%～44%）、升高温（品温最高达58～60℃），由于使用大麦、豌豆为制曲原料，所以西凤酒具有清香型。

通过对低温曲微生物菌系的分离鉴定，初步了解到其是以霉菌和酵母为主的。

高温类型的茅台大曲，制曲工艺着重于"堆"，即在制曲过程中将用稻草隔开的曲坯堆放在一起，以提高曲坯的培养品温，使之达到60℃以上，这个操作也称为高温堆曲。高温曲的制曲原料为纯小麦，其中氨基酸含量高。高温会促使酵母菌大量死亡，如茅台大曲中很难分离得到酵母菌，同时酶的活力也大大降低；而细菌特别是嗜热芽孢杆菌，在制曲后期高温阶段繁殖较快，少量耐高温的红曲霉也开始繁殖。这些复杂的微生物群与成品酒质量的关系，至今还没有完全了解清楚。

有人将华东部分酒厂的两种类型的大曲样品进行分析，通过数据对比可以得出以下结论：高温曲与相应的中温曲相比，呈现出水分低、酸度高（pH低）、淀粉量消耗多（淀粉含量低）、糖化力及液化力低的规律。因此可见制曲温度对大曲性能的影响是很大的。

二、大曲生产技术

（一）高温大曲生产技术

高温大曲主要用于生产酱香型大曲酒，如茅台酒。

1. 工艺流程

高温大曲生产工艺流程见图2-3。

2. 操作技术

（1）小麦的粉碎

高温曲采用纯小麦制曲，可选择本地区或周边生产的小麦，淡黄色、粒端不带褐色、颗粒坚实、饱满、均匀、皮薄、无虫蛀、无霉变、夹杂物少、无异常气味和农药污染、断面呈粉状的为佳。原料理化指标见表2-4。

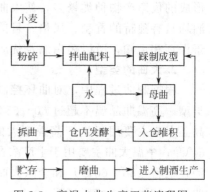

图2-3 高温大曲生产工艺流程图

表2-4 小麦理化指标

项 目	水分/%	淀粉/%	千粒重/(g/千粒)	不完善粒/%	夹杂物/%
指标	≤13.0	≥60.0	≥38.0	≤4.0	≤1.0

小麦含有丰富的淀粉、面筋等营养成分，含氨基酸20多种，维生素含量也很高，黏着力强，是各类微生物繁殖产酶的优良天然物料。只要粉碎适度、加水适中做成的曲坯不易失水和松散，也不至于因黏着力过大而存水过多。小麦的糖类化合物除淀粉外，还有少量的蔗糖、葡萄糖、果糖等（其含量为2%～3%）以及2%～3%的糊精。小麦蛋白质组分以麦胶蛋白和麦谷蛋白为主，麦胶蛋白中以氨基酸为多，这些蛋白质的组分在曲块发酵过程中形成香味成分。用于生产大曲的小麦要求颗粒整齐、无霉变、无异常气味和无农药污染并保持干燥状态。

小麦先要进行除杂处理，在粉碎前应该加入5%～10%的水搅拌，润料3～4h后，再用辊式粉碎机粉碎，要求达到心碎而皮不碎，然后再用钢磨粉碎，即将麦皮压成薄片（俗称梅花瓣），麦心呈细粉状，粉碎后的麦皮和麦心混合物统称为粗麦粉，见图2-4。如麦心不碎或

(a) 辊式绞笼粉碎机

(b) 不锈钢磨粉机

图2-4 小麦破碎与磨粉设备

粉碎过粗，制出的曲坯黏性小、成型难、空隙大、水分易于蒸发、热量易于散失，这样可能会使曲坯过早的干涸和裂口，影响微生物的繁殖。薄片状的麦皮在曲料中起疏松作用，如麦皮碎了或粉碎过细，制成的曲块过于黏结、不易透气、水分和热量不易散失，容易引起酸败和烧曲。小麦磨碎要求见表2-5。

表 2-5 小麦磨碎要求

项目	标准及要求
感观	细粉少、皮块多、不糙手、不粘手
颗粒大小	不通过20目筛的粗粒及麦皮占50%~60%，能通过20目筛的细粉占40%~50%

(2) 加水和拌曲

将粗麦运送到踩曲房通过定量供水器。按一定的比例将母曲和水连续送入搅拌机，搅拌均匀后进行人工踩曲。加水混料在制曲工艺上是关键的一步，加水量过多，曲坯不容易成型，入房会发生变形，曲坯容易被压得过紧，不利于有益微生物向曲坯内部生长，曲表面容易长毛霉、黑曲霉等微生物。培曲时曲坯升温过快，降温困难，曲坯处于高温的时间会延长，易引起酸败细菌的大量繁殖使原料损失加大，还会降低成品曲的质量。若加水量过少，曲坯不易黏结，造成散落过多，增加碎曲数量。培曲时曲坯失水降温较快致使有益微生物不能得到充分的繁殖同样会影响成品曲的质量。一般来说，曲坯含水量过多，培曲过程中升温过快，高温持续时间也延长，降温速度较慢；而水分少则相反，曲的酶活力较高。

和曲时的加水量一般为粗麦粉质量的37%~40%。对制曲时不同加水量进行对比试验的结果是：重水分曲（加水量为48%）的培养过程中，升温高而快，延续时间长，降温慢；轻水分曲（加水量为38%）则相反，但酶的活力较高。

另外，加水量的多少还和原料的粉碎度、原料含水量、制曲季节、曲室条件有关，一般来说夏多冬少（因为夏季的气温较高水分易于挥发，冬季气温较低而水分不易挥发）。制曲时还应考虑水质和水温，要求水质清洁，为了保证曲料温度适中，冬季应将水温预调到30~50℃再用来拌料，而其他季节可以直接使用自然水温的水拌料。

为了加速有益微生物在培曲时的生长繁殖，保证成品曲的质量，高温曲在和曲料时，应接入一定量的曲母，曲母的使用量夏季为原料粉的4%~5%，冬季为5%~8%，曲母应从上年生产的含菌种类和数量较多的白色曲中挑选，虫蛀曲块不能选用。拌曲配料见表2-6。

曲料拌和均匀与否是至关重要的，将直接影响到曲块的水分、营养物质和透气的均匀性。和曲料时要求拌和均匀，无灰色疙瘩，用手捏成团状而不粘手为度。拌好的麦粉要立即使用，不要堆积过久，防止酸败变质。

表 2-6 拌曲配料要求

项目	标准及要求
曲母用量	为小麦量的6%~8%（冬天宜多，夏天宜少）
拌曲感官	搅拌后水、曲母、麦粉无疙瘩、无干粉，做到手捏成团，丢下即散
用水量	为小麦量的37%~40%

(3) 踩曲成型

曲料拌和均匀后，通过人工制成砖块形状的称为曲坯。人工踩曲要先把拌和好的曲料迅速装进曲模（或称曲箱、曲盒），踩曲者马上用足掌先在曲模心踩一遍，再用足掌沿四边踩两遍，要求踩紧、踩平、踩光，特别四角一定要踩紧，不得缺边掉角，中间可略松。踩好后的曲坯排列在踩曲场上，刚一收汗即运入曲房，否则曲块水分逐渐蒸发，入房后容易起厚皮，培曲时不挂衣（曲坯表面微生物难生长出），压曲机与成型曲块见图2-5。

踩曲用的曲模大小也直接影响曲的质量，曲坯太小不易保温，操作费工费时；曲坯太大太厚，制曲微生物不易生长透彻均匀，也不便操作运输。一般曲模尺寸为37cm×18cm×7cm。

(a) 压曲机

(b) 成型曲块

图2-5 压曲机与成型曲块

踩曲时要注意曲坯强度。曲坯过硬，曲块往往会产生裂纹，容易引起杂菌的生长，制成的曲块颜色不正，曲心有异味。另外，由于曲块硬含的水分减少，在后期培菌过程中会发生水分不足现象。曲块太松，容易撒抛，造成浪费，给翻曲折曲操作带来困难。硬度不同的曲坯透气性也不一样，它关系到微生物的种类和数量，又会影响到微生物形成的代谢产物的种类和数量。曲坯的硬度应以挤而不散，手拿曲块不裂不散为准。同时要求曲坯四面线棱角饱满，面平光滑，含水均匀，软硬一致，这样制成的黄色曲块较多，曲香浓郁。踩曲成型要求见表2-7。

表2-7 踩曲成型要求

项　目	标　准　及　要　求
成型曲块规格	37cm×18cm×7cm
成型曲块外观	边角整齐、无断裂、无夹灰、四边紧、中间松、呈龟背形

（4）曲块入仓后的管理

培养高温大曲是大曲制造过程中的重要环节。整个堆积过程可以分为堆曲、盖草洒水、翻曲、折曲陈曲五步。其中所用稻草要求新鲜、干燥、无霉变、无杂质，呈金黄色，长度大于50cm，水分低于10%。

① 堆曲　把压制好的曲块放置2～3h，待表面凉干，并由于面筋质黏而使曲坯变硬后，即可移入曲房进行培养。要求室内具有保温、保湿而又通风、排潮的功能。曲坯移入曲房前，应先在靠墙的地面上铺一层直稻草，厚约15cm，起保温作用。然后将曲块横三竖三地相间排列，曲块间距约2cm，用稻草隔开，促进霉衣生长。堆曲时的行间及其相邻的曲块应相互靠紧，防止曲块变形过度，影响翻曲。在排满一层曲后，在曲块上再铺一层直稻草，厚约7cm，再在稻草上排列第二层曲坯，但注意曲块的横竖要和下面一层的交错，以便流通空气，依次排列到四五层为止，再排第二行，最后剩下1～2行的位置，留作翻曲转曲之用。

② 盖草洒水　曲块堆好后，即用稻草盖在曲堆上及其四周，起保湿、保温作用，也能防止冷凝水直接滴入曲块而引起酸败。盖稻草更重要的作用是可以帮助曲块后期干燥，培曲后期在开门开窗进行翻曲时曲块受盖草的保护，使品温不至于急剧下降得太低，保证曲块内部水分不断挤出，促进曲块的干燥。盖草结束为了保持一定的湿度，可对曲堆上的盖草洒水，应以水滴不入堆为度，一般洒水量夏多冬少。堆曲要求见表2-8。

表2-8　堆曲要求

项　目	标　准　及　要　求
曲块堆放	每仓曲块不超过六行，每行不超过五层，靠墙、底部、顶部和最后一行的曲块按侧立顺行的方式堆放，其余曲块按横三竖三块的方式交错侧立堆放
新稻草用量	为小麦量的5%～7%
凉水用量	为小麦量的0.5%～1.0%

③ 翻曲　曲堆盖草洒水后立即关闭门窗，微生物即开始在曲块表面繁殖，曲块品温也随之逐渐上升，夏季5～6d，冬季7～9d，曲堆内温度可高达63℃左右，曲房内的湿度会逐渐接近或达到饱和点。此时曲块表面长出霉衣，80%～90%的表面布满白色菌丝，这是霉菌和酵母大量繁殖的结果。此后，曲块温度会稍降，可能是CO_2抑制微生物的生长繁殖所致，或是高温致部分微生物死亡或停止生长所造成。当品温达到最高点时，可以进行第一次翻曲，翻曲时应将上、下和内、外对调位置以充分调节温度、湿度，使微生物在整个曲块上均匀生长，保证质量。同时在翻曲时应尽量将内部湿草取出。为了使空气流通，促进曲块的成熟与干燥，可以增加曲坯行间距，并竖直堆积。微生物在曲坯上的生长繁殖是有一定的规律的，前期是霉菌和酵母菌的生长繁殖，后期由于品温过高酵母大量死亡，这时细菌特别是嗜热芽孢杆菌的繁殖加快，少量耐高温的红曲霉菌也开始繁殖。大部分曲块在翻曲后，霉菌菌丝体才从曲坯外表向内部生长，因而曲的干燥过程也是霉菌菌丝向内生长的过程，在此期间，如果曲坯水分过高，将会延缓霉菌的生长速度。常用的翻曲方法见图2-6。

(a) 人工翻曲

(b) 翻曲机

图2-6　常用的翻曲方法

第一次翻曲至关重要，及时翻曲是制好曲的关键，翻曲过早，曲坯的最高品温会偏低，制成的大曲白色曲较多；翻曲如果晚了，黑色曲会增多，而生产上要求的是黄色曲多一些，因为黄色曲酿造的酒香较浓郁。产生黑色曲和黄色曲的原因是：由于曲坯温度控制不同，所以引起微生物的生长速度及其代谢产物的转化也就不同。因此一定要注意曲坯温度的控制和管理。

目前主要依据曲坯中层温度及其口味来决定翻曲的时间，当曲坯中层品温达到60～

62℃，口尝曲块有甜味、手摸最下层曲块热时，即可进行第一次翻曲，经第一次翻曲后，由于散发了大量的水分和热量，曲坯品温可以降低到50℃以下，但是过了1~2天之后，品温又会很快上升，约一周后（一般进房第14天），品温又升至第一次翻曲温度，可进行第二次翻曲。二次翻曲后，曲块温度还会回升，但是后劲不足，很难出现前面那样高的温度，过一段时间后，品温开始平稳下降。翻曲时间及要求见表2-9。

表2-9　翻曲时间及要求

项　目	标　准　及　要　求
第一次翻曲	曲块进仓发酵6~8天，温度在60℃以上
第二次翻曲	第一次翻曲后6~8天，温度达50~55℃

据有关资料介绍，之所以这样操作得到的黄色曲多且香味浓郁可能与以下成分变化有关：很多高级醇、醛都是由氨基酸生成的，它们是酒香的组成成分；有些酱香的特殊香气成分，如酱香精、麦芽酚、甲二磺醛和酪醇等，它们的生成都与氨基酸有关，例如麦芽酚是由原料中所含的麦芽糖等双糖类与氨基酸共热生成的。

氨基酸、肽及朊等能与单糖及其分解产物的糠醛等在高温下缩合成一类黑褐色的化合物，统称为黑色素，其中部分能溶于水，具有芳香味。以上变化大都与温度有关，所以在高温制曲操作中，十分重视第一次翻曲。

④ 拆曲　每次翻曲后，一般品温都会下降7~12℃，约过一周，温度又会回升到最高点，以后会降低，同时曲块逐渐干燥，在翻曲后15天左右，可以略开窗门进行换气。到40天后（冬季50天），曲块品温降低至接近室温时，曲块也大部分干燥，即可拆曲，出房时，如发现下层有含水量高而过重的曲块（水分超过15%），应另置于通风良好的地方，促使其干燥。拆曲要求见表2-10。

表2-10　拆曲要求

项　目	标　准　及　要　求
曲块	曲块不得有3cm以上的曲草
仓内发酵期	≥40天

⑤ 陈曲　制成的高温曲可分为黄、白、黑三种颜色，习惯上以菊花心、红心的金黄色曲为最好，因为这种曲的酱香气味好。白曲的糖化力强，但根据生产需要，仍以金黄色曲多为好。

在曲块拆除后，应贮藏3~4个月，成为陈曲后再使用。在传统生产上，非常强调使用陈曲，因为制曲时潜入的产酸细菌，在比较干燥的条件下，会大部分死掉或失去繁殖能力，所以陈曲相对来讲是比较纯的，用来酿酒时酸度会比较低。另外大曲经过贮藏后，酶活力会降低，酵母数也能减少，所以在使用适当贮藏的陈曲酿酒时，发酵温度上升也会比较缓慢，酿造出的酒香味比较好。高温大曲贮存期及其贮存环境见表2-11。

表2-11　贮存期及其贮存环境

项　目	标　准　及　要　求
贮存期	≥180天
贮存环境	通风、防潮

(5) 成品曲

高温曲经过 3～4 个月的贮存变成陈曲后之后，即可运送到制酒车间在磨成曲粉后投入生产。磨曲要求见表 2-12，成品曲块的贮存与成品曲粉见图 2-7。

表 2-12　磨曲要求

项　目	标准及要求
曲粉	无 3mm 以上的颗粒
装袋计量	净重 (60 ± 0.5)kg/袋

(a) 成品曲块的贮存

(b) 成品酒曲粉

图 2-7　成品曲块的贮存与成品酒曲粉

3. 高温大曲中的主要微生物

(1) 细菌

主要是一些耐热性的细菌，多数为芽孢杆菌属细菌如枯草孢杆菌、地衣芽孢杆菌、凝结芽孢杆菌等。此外，还有葡萄球菌、微球菌等。

(2) 霉菌

常见的有曲霉属、毛霉属、红曲霉属、地霉属、青霉属、拟青霉属和犁头霉属等。

(3) 酵母菌

酵母因不耐热，故在高温大曲中相对来说数量和种类都比较少。主要有酵母属、汉逊酵母等。

不同酒厂高温曲中的微生物种类和数量均有差异，并随制曲过程中的温度、水分和通气等条件的变化而变化。贵州省某研究所曾对茅台大曲样品进行了多次微生物分离，共得细菌 47 株，霉菌 29 株，酵母菌 19 株。

高温大曲因制曲品温较高，其中微生物主要为上述细菌和霉菌，因而成曲糖化力和发酵力较低，但液化力较高，蛋白质分解力较强，产酒较香。

大曲中由于含有多种有益微生物及其所产生的多种酶类，是一种含有多菌种的混合粗酶制剂，所以在酿酒过程中就能形成种类繁多的代谢产物，组成了各种风味成分，使白酒呈现特有风味。

（二）中温大曲生产技术

中温大曲主要用于生产浓香型大曲酒，如五粮液、洋河大曲、泸州老窖等。

1. 工艺流程

中温大曲生产工艺流程见图 2-8。

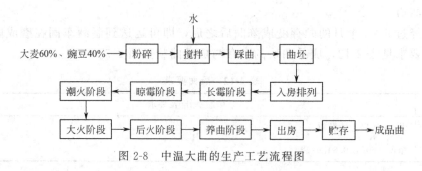

图 2-8　中温大曲的生产工艺流程图

2. 操作技术

将大麦60％与豌豆40％（按质量）混合后粉碎，要求通过0.95mm筛孔的细粉占20％（冬季）或30％（夏季）。加水拌料，使含水量达36％～38％，用踩曲机将其压成每块3.2～3.5kg的曲坯，移入铺有垫草的曲房，排列成行。每层曲坯上放置竹竿，其上再放一层曲坯，共放3层，使成"品"字形，便于空气流通。曲房室温以15～20℃为宜。经1天左右，曲坯表面长满白色菌丝斑点，即开始"生衣"。约经36h（夏季）或72h（冬季），品温可升至38～39℃，此时须打开门窗，并揭盖翻曲，每天一次，以降低曲坯的水分和温度，称为"晾霉"。经2～3天后，封闭门窗，进入"潮火阶段"，当品温又上升到36～38℃时，再次翻曲，并每日开窗放潮两次，需时4～5天。当品温继续上升至45～46℃时，即进入"大火阶段"，在45～46℃条件下维持7～8天，此期最高品温不得超过48℃，需要每天翻曲一次。大火阶段结束，已有50％～70％的曲块成熟，之后进入"后火阶段"，曲坯日渐干燥，品温降至32～33℃，经3～5天后进入"养曲阶段"，品温在28～30℃，使曲心水分蒸发，待基本干燥后即可出房使用。

（三）低温大曲生产技术

低温大曲及次中温大曲主要用于生产清香型大曲酒，如汾酒。

1. 工艺流程

2. 操作技术

（1）原料的粉碎

将质量占60％的大麦与40％的豌豆配好后，进行混合、粉碎。对通过20目筛的细粉，要求冬季20％，夏季30％；而通不过的粗粉，要求冬季80％，夏季70％。

（2）踩曲（压曲）

踩曲时采用大曲压曲机，将拌好水的曲料装入曲模后压制成曲坯，曲坯含水量在36％～38％，每块3.2～3.5kg。要求踩好的曲坯外形平整，四角饱满无缺，厚薄一致。

（3）曲的培养

现以清茬曲为例，介绍其工艺操作如下。

① 入房排列　曲坯入房前应调节曲室温度为15～20℃，夏季，温度越低越好。曲房地面要铺上稻皮，将曲坯搬置其上，排列成行（侧放），曲坯间隔为2～3cm，冬近夏远，行距为3～4cm，每层曲上放置苇秆或竹竿。然后上面再放一层曲坯，共放置3层，使呈"品"字形。

② 长霉（上霉）　入室的曲坯稍风干后，要在曲坯上面及四周盖上席子或麻袋保温，夏季蒸发快，可在上面洒些凉水，然后将曲室门窗关闭，温度逐渐上升，一般1天左右开始"生衣"，即曲坯表面有白色霉菌的菌丝斑点出现。夏季约经36h可升温至38～39℃，冬季

约需72h。要控制品温缓慢上升，保证上霉良好，此时曲坯表面有根霉菌丝和拟内孢霉的粉状霉点，还有比针头稍大一点的乳白色或乳黄色的酵母菌落。如果品温上升至指定温度，而曲坯表面霉衣尚未长好，则可缓缓揭开部分席片，进行散热，适当延长数小时，使霉衣长好，但应该注意保湿。

③ 晾霉　当曲坯品温升高至38~39℃时，必须打开曲室的门窗，以排除湿气，并降低室温，同时应把曲坯上层覆盖的保温材料揭去，将上下层的曲坯翻倒一次，拉大曲坯的排列间距，以降低曲坯内的水分和温度，达到控制曲坯表面微生物的生长目的，这在制曲操作上称为"晾霉"。晾霉应及时，如果晾霉太迟，菌丛长的太厚，曲皮起皱，会使曲坯内部水分不易挥发；如果晾霉过早，菌丛长的少，会影响曲坯中微生物进一步繁殖，使曲块板结。

晾霉开始温度为28~32℃，不允许有较大的对流风，防止曲皮干裂。晾霉期为2~3天，每天翻曲一次，曲坯由三层增至四层，第二次增至五层。

④ 潮火阶段　在晾霉后2~3天，曲坯表面不粘手时，即封闭门窗而进入"潮火阶段"。入房后的第5~6天曲坯开始升温，品温上升至36~38℃后进行翻曲，抽取苇秆，曲坯由五层增至六层，排列成"人"字形，每1~2天翻曲一次。此时每日放潮两次，窗户每昼夜两封两启，品温随之两起两落。总体上曲坯品温由38℃升至45~46℃，这需要4~5天，此后即进入"大火阶段"，这时曲坯已增至七层。

⑤ 大火高温阶段　这个阶段微生物的生长仍然旺盛，菌丝由曲坯表面向里生长，水分及热量由里向外散发，通过开闭门窗来调节曲坯品温，使之保持在44~46℃的高温（大火）条件下7~8天，但不许超过48℃，也不能低于30℃。在大火阶段每天翻曲一次，大火阶段结束时，基本上有50%~70%的曲块已经成熟。

⑥ 后火阶段　这个阶段曲坯日渐干燥，品温逐渐下降，曲块由44~46℃逐渐下降至32~33℃，直至不热为止。后火阶段一般为3~5天，曲心水分会逐渐蒸发。

⑦ 养曲阶段　后火期后，还有10%~20%的曲坯的曲心部分尚有余水，宜用微温蒸发，这时曲坯本身已经不能发热，需将环境温度保持在32℃，使品温控制在28~30℃，把曲心部分残余的水分蒸发干净。

⑧ 出房　出房后，将曲坯叠放成堆，曲间距离1cm。

酿酒时，按照一定比例将清茬、后火和红心三种大曲混合使用。这三种大曲的各制曲阶段完全相同，只是在品温控制上有所区别，现分别说明其制曲特点。

a. 清茬曲：清茬曲的热曲最高温度为44~46℃，晾曲降温极限为28~30℃，属于小热大凉。

b. 后火曲：后火曲在起潮火阶段到大火阶段，最高曲温达47~48℃，在高温阶段维持5~7天，晾曲降温极限为30~32℃，属于大热中凉。

c. 红心曲：在红心曲的培养上，采用边晾霉边关窗起潮火的方法，无明显的晾霉阶段，升温较快，很快升高到38℃，窗户无昼夜两封两启，品温无昼夜的两起两落，只是依靠平时调节窗户大小来控制。在起潮火到大火阶段，最高曲温为45~47℃，晾曲降温极限为34~38℃，属于中热小凉。

三、典型大曲生产工艺

以汾酒曲制作为代表，介绍典型大曲的生产工艺。

（一）工艺流程

原料粉碎→踩曲→入房排列→长霉→晾霉→起潮火→大火期→后火期→养曲→出房。

（二）操作技术

1. 原料粉碎

把大麦60％、豌豆40％按比例配好，混匀粉碎，要求通过20孔筛的细粉占20％～30％。

2. 踩曲

粉料加水拌匀，在曲模中踩成曲坯，曲坯含水量为36％～38％，要求踩的平整，饱满。

3. 入房排列

曲室温度预先调节在15～20℃，地面铺上稻皮，把曲坯运入房中排列成行，间隔2～3cm，每层先放置芦苇秆，再在上面放置一层曲块，共放三层。

4. 长霉

将曲室封闭，温度会逐渐上升，一天后曲坯表面出现霉菌斑点，经36～37h，品温升到38～39℃，应控制升温缓慢，使上霉良好。

5. 晾霉

曲坯品温升至38～39℃，打开门窗，揭去保温层，排潮降温，并把曲坯上下翻倒一次，拉开间距，以控制微生物生长，使曲坯表面干燥，固定成型，称为晾霉。晾霉时，不应在室内产生对流风，防止曲皮干裂。晾霉2～3天，每天翻曲一次，曲层分别由三层增到四层和五层。

6. 起潮火

晾霉后，再封闭门窗进入潮火，品温升至36～38℃，进行翻曲，曲层由五层增到六层，并排列成"人"字形，每1～2天翻曲一次，昼夜门窗两封两启，品温两起两落，经4～5天曲坯由38℃逐渐升到45～46℃，进入大火期，曲坯增到七层。

7. 大火（高温）期

这时微生物菌丝由表面向里生长，水分和热量由里向外散失，可开启门窗调节品温，保持44～46℃的高温7～8天，每天翻曲一次。大火期结束，有50％～70％的曲坯已成熟。

8. 后火期

曲坯逐渐干燥，品温下降，由44～46℃降到32～33℃或更低，后火期3～5天。

9. 养曲

后火期后，为使曲坯继续蒸发水分，品温控制在28～30℃进行养曲。

10. 出房

把曲块出房，堆成间距10cm的曲堆。

四、大曲的质量

（一）大曲质量的感官鉴定

大曲的质量，目前尚无一个理想的理化检验方法和标准，主要靠感官鉴定来识别。

1. 香味

曲块折断后用鼻嗅之，应有纯正的固有的曲香，无酸臭味和其他异味。

2. 外表颜色

曲的外表应有灰白色的斑点或菌丝的均匀分布，不应光滑无衣或有呈絮状的灰黑色菌丝。光滑无衣是因为曲料拌和时加水不足或踩曲场上放置过久，入房后水分散失太快，未成衣前，曲胚表面已经干涸，微生物不能生长繁殖所致；絮状的灰黑色菌丝，是曲胚靠拢，水分不易蒸发和水分过多，翻曲又不及时造成的。

3. 曲皮厚度

曲皮越薄越好。曲皮过厚是由于入室后升温过猛，水分蒸发太快，或踩好后的曲块在室外搁置过久使表面水分蒸发过多等原因致使微生物不能正常繁殖所造成的。

4. 断面颜色

曲的断面要有较密集的菌丝生长，断面结构要均匀，颜色基本一致（似猪油白），有其他颜色掺杂在内，都是质量不好的曲。

（二）五粮液成品曲的等级划分

不同的厂、地区制曲的工艺及检验标准也不尽相同，各有特点，以五粮液对成品曲的等级划分要求为例介绍大曲的质量标准，具体见表2-13。

表 2-13 五粮液成品曲的等级划分及标准

等级	感官指标	理化指标		
		糖化力 /[mg 葡萄糖/(g·h)]	发酵力 /[gCO_2/(g·48h)]	水分/%
一级曲	曲香纯正，气味浓郁，断面整齐，结构基本一致，皮薄心厚，一片猪油白色，间有浅黄色，兼少量（≤8%）黑色、异色	≥700	≥200	≤15
二级曲	曲香较纯正，气味较浓郁，无厚皮生心，猪油白色在55%以上，浅灰色、淡黄色和异色≤20%	≥600	≥150	≤15
三级曲	有异香、异臭气味，皮厚生心，风火圈占断面2/3以上	<600	≥150	≤15

各种名优白酒都有各自的优质大曲，茅台酒大曲称为"切金"，汾酒大曲称为"断玉"，口子窖酒大曲称为"菊花心"，西凤酒大曲称为"槐夹曲"，五粮液大曲又称"包包曲"。不同种类的优质大曲，酿造不同质量和风格特点的名优白酒。

此外，为获得优质的白酒，可按照工艺要求将高温大曲、中温大曲、低温大曲进行适度混合，如在中温大曲的基础上添加高温大曲，可使浓香型白酒窖香更复合，酒体丰柔。安徽口子窖酒归属"兼香"，首先应得益于"菊花心"大曲，优质的"菊花心"断面有2~3圈金黄色的"火圈"，而区别于酸臭、发黏、窝水的"黑圈"，说明该曲的制曲工艺有热有凉，热凉结合，温度的升降起落恰到好处，同时包含了翻曲工序的高度工作责任心。准确地说，"菊花心"大曲属于高温曲，口子窖酒的香型是无可厚非的浓、酱工艺相结合的"兼香"型。反观清香型白酒的大曲，包括纯小麦曲，"干皮"、"裂缝"、"窝水"、"空心鼓肚"等劣质曲块很难杜绝，用劣质大曲生产清香型白酒，在很大程度上影响了清香型白酒的质量。清香型白酒生产过程不要片面提倡"低温大曲"，过多强调"低温大曲"，容易诱导曲师"懒人制懒曲"，或者在热曲时不敢用火；或者误认为提前起大火，可在成曲出房前将曲心水分挤干，致使起大火需要热曲时，曲心温度上不去，残留曲心的水分也就出不去，从而产生"窝水曲"。优质的清香型白酒，除讲究清香纯正，口感纯净外，也讲究清香持久，香气复合，陈年的清香型老酒，也有空杯留香。质量上乘的青花瓷汾酒，也讲究酒体丰满，柔和细腻，回味悠长，其酿酒工艺也要求使用一定比例的高温曲。汾酒酿造将"清茬、红心、高温（后火）"3种大曲按比例混合是一个成功的范例。

(三) 大曲质量改进

大曲质量的优劣直接影响着基酒的质量，2005年以前，赊店老酒以生产中温曲为主，制曲温度点为50~55℃，其糖化力、发酵力较高，曲酒的产量比较稳定，但曲酒质量风味存在不足。为适应酒体风格突破的需要和高档白酒品质个性化的需要，赊店老酒首先在制曲工艺上进行反复试验和创新，同时采用微生物制曲新技术，强化功能菌生香制曲，将制曲工艺进行创新，使最高制曲温度提高到60℃左右，在管理上控制制曲关键控制点如在原料的粉碎、加水量、曲坯的松紧度、上霉的管理、培菌的管理等方面都严细管理，同时在工艺上大胆创新，在大火期进行并房，不仅节约了用汽，而且提高了制曲温度点，使中挺温度由2~3天延长为5~7天，在原料粉碎时加入1%~3%功能菌，使成品曲的酯化力、酶分解力大大提高。

采用中高温培菌制曲，降低了酒醅中蛋白质的含量，减轻了酒的苦味，既降低了物耗又增加了曲香，不仅培养了耐高温微生物菌群，提高了大曲质量，还为多粮发酵打下了坚实的基础。

在浓香大曲酒生产中，窖泥质量的好坏直接影响着产酒的质量，窖泥是基础，微生物是动力，窖泥是酿酒微生物栖息繁衍的主要场所，是微生物种群进行衍生和代谢的生态系统，窖泥的质量取决于泥中功能菌的种类及数量以及营养成分的合理比例。

为制备良好的窖泥，在优选窖泥营养配方的基础上加入优选的己酸菌、丁酸菌、甲烷菌、丙酸菌、硫酸盐还原菌、硝酸盐还原菌等若干菌株，密封发酵一个周期，开窖检测结果，重新调整各种营养成分的添加比例，再进行第二次发酵，将窖泥均匀铺于窖底再发酵一个周期。

第二节 小曲的生产

一、小曲概述

小曲也称酒药、白药、酒饼等，是用米粉或米糠为原料，添加或不添加草药，自然培养或接种曲母，或接种纯粹根霉和酵母，然后培养而成。因为呈颗粒状或饼状，习惯称之为小曲。小曲生产主要原料及辅料见图2-9，酒药成型机及成品酒药见图2-10。

(a) 米粉　　　　　　　　　　(b) 米糠　　　　　　　　　　(c) 辣蓼草

图2-9　小曲生产主要原料及辅料

(a) 酒饼成型机　　　　　　　　　　(b) 酒药制作　　　　　　　　　　(c) 成品酒药

图 2-10　酒药成型机及成品酒药

　　小曲是生产半固态发酵白酒的糖化发酵剂，具有糖化和发酵双重作用。小曲的制造是我国劳动人民创造性地利用微生物独特发酵工艺的具体体现。小曲中主要含有的微生物是根霉、毛霉及酵母等，就以微生物的培养而言，是一种自然选育培养，在原料的处理和配用草药料上，能给有效微生物提供有力繁殖条件，且一般采用经过长期自然培养的种曲进行接种，近年来还有采用纯粹培养根霉和酵母菌种进行接种的，更能保证有效微生物的大量繁殖。

　　小曲的品种较多，按添加草药与否可分为药小曲与无药白曲，按用途可分为甜酒曲与白酒曲，按主要原料可分为粮曲（全部为大米粉）与糠曲（主要为米糠，含有少量米粉），按地区划分可分为四川药曲、汕头糠曲、厦门白曲及绍兴酒药等，按形状可分为酒曲丸、酒曲饼及散曲等。另外还有用纯种根霉和酵母制造的纯种无药小曲、纯种根霉和酵母。自然培养制成的小曲微生物种类比较复杂，主要有霉菌、酵母菌和细菌三大类群。

　　自然培养小曲中的霉菌一般包括根霉、毛霉、黄曲霉、黑曲霉等，主要是根霉，其中常见的有河内根霉、白曲根霉、米根霉、中国根霉、黑根霉、爪哇根霉等。根霉中含有丰富的淀粉酶（包括液化型和糖化型淀粉酶）及酒化酶等酶系，能边糖化边发酵。自然培养的酵母菌有酵母属（啤酒酵母等）、假丝酵母属、汉逊酵母属等。自然培养的小曲中的细菌包括醋酸菌、丁酸菌及乳酸菌等。在工艺操作良好情况下，细菌不会对成品酒造成危害，反而能增加酒中的风味物质，但如果操作不当就会造成危害，如细菌过量繁殖会造成酸度过高，大大影响出酒率。

　　小曲酿制在我国有悠久的历史，由于配料与酿制工艺的不同，各具特色，其中以四川邛崃米曲和糠曲、厦门白曲、汕头糠曲、桂林酒曲丸、浙江宁波酒药和绍兴酒药等较为著名。在小曲生产中的应用草药问题上，不少酒厂各施各法，有的只添加一种，有的添加许多名贵药材，药方从十几种到百余种。但生产实践证明，少用药或不用药，也能制得质量较好的小曲，也可酿出好酒；例如桂林三花酒的酒曲丸，从过去添加十多种草药改为只添加一种桂花香草制成，小曲质量比过去还好；又如著名的绍兴酒酿造用的绍兴酒药和宁波酒药，仅用价格低廉随处可取的辣蓼草粉制成，质量也相当好；此外如厦门白曲、四川永川的无药糠酒等都不添加草药，这样既节省了药材，又节约了粮食，还降低了成本。四川省推广无药糠酒后，可节约大米 8000t 以上，草药 1500t，成本降低 50%以上。

二、典型小曲生产工艺

（一）药小曲的制作

药小曲又名酒药或酒曲丸，它的特点是用生米粉制作培养基，同时添加草药及种曲（曲母），有的还添加白藓土泥作为填充料。至于添加草药的品种和数量，各地有所不同，有的只用一种药，称为单一药小曲，如桂林酒曲丸；有的用十多种药，称为多药小曲，如广东的五华长乐烧药小曲；有的还接种纯粹根霉和酵母，用多种药混合培养而成，称为纯种药小曲，如广东澄海酒厂的药小曲。现分别阐述药小曲的生产过程。

1. 单一药小曲

桂林酒曲丸是一种单一药小曲，它是用生米粉添加一种香药草粉，接种曲母培养而成的。

（1）浸米

大米加水浸泡，夏天 2～3h，冬天约为 6h，浸后滤干。

（2）粉碎

浸米滤干后，先用石臼捣碎，再用粉碎机粉碎为米粉，取出其中的 1/4，用 180 目细筛筛出 5kg 细米粉用作裹粉。

（3）制坯

每批用米粉 15kg，添加香药草粉 13%、曲母 2%、水 60% 左右，混合均匀制成饼团，然后在制饼架上压平，用刀切成均 2cm 大小的粒状，以竹筛筛圆即为酒药坯。

（4）裹粉

向 5kg 细米粉中加入 0.2kg 曲母粉，混合均匀，作为裹粉，然后先撒小部分裹粉于簸箕中，并洒第一次水于酒药坯上，将酒药坯倒入簸箕中，用振动筛筛圆成型，随后再洒水，再裹，直到裹完裹粉为止。裹粉时洒水量共为 0.5kg，将裹粉完毕的圆形酒药坯分装于小竹筛内扒平，即可入曲房培养。入曲房前酒药坯含水量应为 46%。

（5）培曲

根据小曲中微生物的生长过程，培曲大致可分为四个阶段进行管理。

① 前期 酒药坯入曲房后，室温宜保持在 28～31℃。经 20h 培养后，霉菌繁殖旺盛，观察到霉菌菌丝倒下、酒药坯表面起白泡时，可将盖在药小曲上面的空簸箕掀开，这时的品温一般为 33～34℃，最高不得超过 37℃。

② 中期 24h 后，酵母开始大量的繁殖，室温应控制在 28～30℃，品温不得超过 35℃，保持 24h。

③ 后期 48h 后，品温逐步下降，曲子成熟，即可出曲。

④ 出曲 曲子成熟即出房，并于烘房烘干或者晒干，贮藏备用。药小曲由入房培养至成品烘干共需 5d 时间。

2. 纯种药小曲

纯种药小曲的特点是原料采用米粉，添加十几种草药，接种纯种根霉和酵母，混合培养而制成，生产过程如下。

大米预先浸渍 2～3h，淘洗干净，磨成米浆，用布袋压干水分至可捏成粒状酒药坯为度。草药配方（以大米用量计）为：桂皮 0.3%、香菇 0.1%、小茴香 0.1%、细辛 0.2%、三利 0.1%、芯发 0.1%、红豆蔻 0.1%、元茴 0.2%、苏荷 0.3%、川椒 0.2%、皂角 0.1%、排草 0.2%、胡椒 0.05%、香加皮 0.6%、甘草 0.2%、甘松 0.3%、良姜 0.2%、九本 0.05%、丁香 0.05%。草药预先干燥，经粉碎、过筛及混合即为中草药粉。向压干的粉浆中加入原料大米用量 4%～5% 的面盆米粉培养的根霉菌种，2.6%～3.0% 的米曲汁三角瓶培养的酵母菌菌种及 1.5% 的草药粉，将它们拌掺均匀，捏成酒药坯，坯粒直径为 3～3.5cm，厚约 1.5cm。将酒药坯整齐地放置于木格内，木格底要垫上新鲜稻草，装格后，马上移入保温房进行培养，培养过程中应注意温度和湿度的控制。培养 58～60h 即可出房干燥，贮存备用。雨季和夏季的贮存时间以 1 个月为宜，秋冬季可适当延长。

(二) 酒曲饼的制作

酒曲饼又称大酒饼，它是以大米和大豆为原料，添加草药和白藓土泥，接种曲种培养制成的。酒曲饼呈方块状，规格为：20cm×20cm×3cm，每块质量为 0.5kg 左右，主要含有根霉和酵母等微生物。下面以广东米酒和豉味玉冰烧的酒曲饼为例，介绍其生产过程。

原料配比为：大米 100kg，大豆 20kg，曲种 1kg，曲药 10kg（其中串珠叶或小橘叶 9kg，桂皮 1kg），填充料白藓土泥 40kg。大米宜采用低压蒸煮或常压蒸煮法，加水量为 80%～85%（以大米质量计）；大豆采用常压蒸煮，一般为 1～2h，无需煮熟。大米蒸煮后将其摊于曲床上，冷却至 36℃，加入冷却后的大豆，并添加曲种、曲药及填充料等，拌匀后即可送入成型机，压制成正方形的酒曲饼。成型后的品温应该为 29～30℃，入曲房保温培养 7d。培养过程中，要根据天气变化和原料质量的情况适量调节温度和湿度。酒曲饼培养成熟后即可出曲，转入 60℃ 以下的低温焙房，干燥 3 天，至含水量低于 10% 即为成品。

(三) 无药白曲的制作

无药白曲是采用纯种根霉和酵母菌种，以大米糠和少量大米粉为原料，不添加草药所制成的一种糖曲，俗称颗粒白曲。它的优点是：不需要添加草药，节约粮食，降低成本。由于纯种培养杂菌不易感染，因此小曲的质量比较稳定。

原料配比为：新鲜米糠（通过 40 目筛）占 80%，新鲜米粉（通过 40 目筛）占 20%，原料需经过 100℃ 灭菌 1h。曲料冷凉后，按原料质量加入 4% 的面盆米粉培养的根霉菌种，再加 2%～3% 的米曲汁酒瓶培养的酵母菌菌种，充分拌匀后，捏成直径为 4cm 的球形颗粒，分装于已经灭菌的竹筛上，入曲房保温培养。培养过程中应注意调节温度和湿度。培养 80～90h 后，菌体已经基本停止繁殖，即可出房进行低温干燥，烘干温度不宜超过 40℃，干燥至水分低于 10%，便可贮藏备用，如果贮藏的好，半年以后的颗粒白曲仍可使用。

(四) 浓缩甜酒药的制作

传统固体培养法生产甜药酒的工艺特点是：耗用粮食多，劳动强度大。上海藕粉食品厂利用纯种根霉，采用液体深层通风培养法，生产浓缩甜酒药，比传统生产法节约粮食 80% 以上，生产量增加一倍，效率提升了 3 倍，大大节省了占地面积，减轻了劳动强度，降低了成本，而且产品质量比较稳定，产品体积小，运输较方便，为今后实现机械化、连续化、自动化生产开辟了道路。现将其生产过程介绍如下。

采用的菌种是从安徽的野草中分离得到的根霉。种子罐和发酵罐培养基的配方均为：粗玉米粉占 70%，黄豆饼水解物占 30%。黄豆饼水解物的工艺条件是：黄豆饼粉加水调浓度至 30%，加入食用盐酸调节 pH 值到 3.0，通入蒸汽使温度保持在 90～100℃，水解 1h；也可以加压 $24.5×10^4$Pa，保压水解 15min。水解后不需要中和。种子罐容积为 400kg，装填系数为 60%；发酵罐容积为 2.3t，装填系数为 70%。种子罐和发酵罐的培养工艺条件：培养基的浓度为 10%，在 $9.8×10^4 \sim 12.8×10^4$ Pa 的蒸汽压力下实罐消毒 35～40min，冷却到（33±1）℃接种，接种量为 16%，再于（33±1）℃下通风培养 18～20h。种子罐通常培养 18h，pH 值降至 3.8 即可移种。种子罐内的搅拌转速为 210r/min，通风量为 1∶0.35；发酵罐内的搅拌转速为 210r/min，通风量为（1∶0.35）～（1∶0.4）。发酵罐培养成熟后，通过 40 目孔振动筛，弃去醪液，水洗，收集菌体，用离心机在 100r/min 的条件下脱水，并以清水冲洗数次。取出菌体后，按质量加入 2 倍米粉作为填充料，充分搅拌，加模压成小方块，分散在筛子上，即可送入二次培养室，进行低温培养。二次培养室的温度为 35～37℃，培养 10～15h 后，待根霉菌体生长，品温达到 40℃，即可翻动几次，使其停止生长，并同时转入低温干燥室。低温干燥室的温度为 48～50℃，继续干燥，至含水量低于 10% 出室，经粉碎包装后即为成品。发酵罐实物图、简图及酒药见图 2-11。

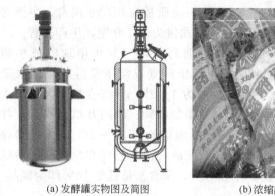

(a) 发酵罐实物图及简图　　　　(b) 浓缩甜酒药　　　　(c) 圆形酒药

图 2-11　发酵罐实物图、简图及酒药

三、小曲的质量

大米作为小曲酒的生产原料较为适合，但不是小曲酒酒质醇正、出酒率高的唯一依据。小曲酒在酿制发酵过程中，复杂的生物化学变化还依赖于小曲中含有的微生物及其酶系的特性，因此，小曲酒的质量和出酒率的高低在很大程度上受到小曲质量及小曲制造工艺和发酵的制约。小曲酒具有独特的风格，且用曲量少，出酒率较高，这不仅与原料的淀粉含量高、杂质少、黏度较适宜等因素有关，更重要的还在于小曲的质量，从本质上来讲是在于小曲中根霉和酵母细胞中酶系特性的直接作用结果。要想获得质量较好的小曲，下面的一些因素值得重视。

1. 纯种根霉及酵母的培养

小曲酿制传统工艺大多数采用自然培养过程，在根霉本身的酶系特性里：根霉细胞中含有丰富的糖化型淀粉酶，可以将淀粉较完全地转化为葡萄糖；还含有一定的酒化酶系，可以边糖化边发酵；同时含有生产小曲酒香味前体物质的酶系。因此根霉本身具有酿制风格典型、品质优良的小曲酒的酶系，不仅可以提高小曲酒的风味和质量，同时也可以保证用曲量少、淀粉出酒率高，还可以节省大量粮食，降低劳动强度。因此，目前不少酒厂采用这种纯种根霉和酵母培养来酿制小曲，制出的小曲酒质量较传统工艺制出的质量好，且这种制曲工艺为实现小曲酒生产的机械化、连续化及自动化创造了条件。这是酿造小曲酒的发展方向。

2. 优良菌种的选育

小曲作为小曲酒生产的糖化发酵剂，酿制时采用纯种培养较自然培养更能保证小曲的质量，因此要制出好的纯种培养小曲，必须重视选用优良的根霉与酵母菌种，不仅要求菌种纯粹、适应性强、繁殖力快、糖化力强、发酵力也较高，同时还要求品种具有产生小曲酒香味前体物质的酶系，能赋予酿制出的小曲酒应有的香味和独特的典型风味。

(1) 选育优良根霉菌种的依据

① 含多种淀粉酶，淀粉酶的活性较高，特别是糖化淀粉酶活性较高，要求能将淀粉较彻底的转化为可发酵性糖。

② 含有一定的酒化酶系，具有一定的酒化酶活性，能边糖化边发酵。

③ 含有产生小曲酒香味前体物质的酶系。

④ 对外界环境（如：糖浓度、酸度、酒精及温度等）的适应性强。

(2) 选育优良酵母菌种的依据

① 酒化酶系的活性较高，成熟酒醪的酒精含量高，而且发酵迅速。

② 具有产生小曲酒香味前体物质的酶系。

③ 能使发酵完全，成熟酒醪的残糖少。

④ 变异性小，抗杂菌能力强。

为了提高小曲酒的质量和出酒率，酿制小曲必须首先按照上述要求选育优良菌种。目前国内酒厂酿制小曲时常采用的根霉菌种有：3866、白曲根霉及中国根霉等。常采用的酵母菌种有：米酒酵母、2300、1271等。3866属河内根霉，不仅糖化型淀粉酶活性高，而且产生有机酸的能力也较强。中国根霉的特点是糖化型淀粉酶活性强，糖化力强，液化型淀粉酶活性也较强，液化力强，同时具有产生小曲酒香味前体物质的酶系，产乳酸能力也较强，因此其作为小曲纯培养菌种较为合适。

3. 小曲中根霉与酵母混合培养条件的控制

小曲的主要菌种是根霉和酵母，两种不同的微生物共同生长在相同的米粉培养基上，各有各的特征及各自适宜的生活环境：根霉比较娇嫩，生长速度慢，适宜的培养温度为$33\sim44℃$；酵母菌比较粗犷，生长速度较快，适宜的培养温度为$27\sim30℃$。因此，在培养过程中必须两者兼顾，才能使制成的小曲既有糖化力又有发酵力，同时还能赋予小曲酒特有的香味和典型风格。小曲进房后的室温和品温应该控制在$31\sim32℃$为宜，如果前期温度控制过低，以致根霉未能及早繁殖，而酵母先繁殖，则会影响根霉的生长，使小曲的糖化力偏低，从而影响小曲酒的质量和出酒率。

此外，根霉和酵母的接种量要适宜。小曲酿制过程中，根霉的一般接种量为$4\%\sim5\%$，酵母的用量为$2\%\sim3\%$，若根霉接种量过少，则曲块中根霉繁殖及品温上升较慢，根霉生长不良，使小曲的糖化力降低。酵母的接种量随生产季节略有不同，一般夏天较多，冬天较少。冬天气温低，小曲中的根霉繁殖慢，而酵母繁殖速度较快，这样会使小曲中的糖化力降低，因此，冬天酿制小曲时要适当增加根霉的接种量，同时控制好前期培养的温度和湿度，以免出现干皮现象，影响根霉的繁殖。

4. 根霉扩大培养的控制

为了适当增大培养基的表面积，原料米粉的粉碎度要高，要求米粉需要通过60目的筛子，以保证其粉碎度。培养基要松，因此米粉要先经过1.5h的干蒸（即不加水蒸料），使大米中的蛋白质等变性凝固，这样加水后再蒸就不会结团。同时培养基的水分不能过多，一般控制为米粉量的$20\%\sim25\%$（用冷开水）较适宜。为了防止培养基结团，使吸水更均匀，在加水拌匀后应过一遍筛，然后分装于试管和三角瓶内，再经过两次间歇杀菌，每次杀菌1～1.5h，冷却至品温低于36℃，才可接种。控制加水量十分重要，如果水分过大，则在后期糖化发酵时，会使培养基中积聚过多的酒精，从而影响菌种进一步繁殖。小曲生产过程中的一般加水量为曲料的25%～28%。

5. 草药的添加

小曲的制造方法很多，在酿制过程中是否必须添加草药、应添加哪些种类的草药、添加草药对出酒率和酒的质量有何影响等问题是值得探讨的。

第三节 纯种制曲工艺

一、纯种制曲工艺概述

白酒酿造中麸曲的使用是中国酿酒业的一次重大改革。自从1955年确立了以麸曲、酒母为核心的烟台酿酒操作法以来，这一方法得到了大力的推广，现在已成为我国白酒生产的主要操作方法之一。其主要优点是麸曲的糖化发酵力强，酿酒原料的利用率比传统酒曲提高10%～20%；麸曲的生产周期短，而且便于实现机械化生产。液态法白酒也是在麸曲法的基础上形成的。但是麸曲法生产的白酒香气香味等方面较为欠缺。不少厂家则采用多种微生物发酵（如添加生香酵母、己酸菌等）加以弥补。麸曲是采用纯种霉菌菌种，以麸皮为原料经人工控制温度和湿度培养而成的，它主要起糖化作用。酿酒时，需要与酵母菌（纯培养酒母）混合进行酒精发酵。

麸曲生产的主要方法有：盒子曲法，帘子曲法，通风制曲法。制曲工艺分为固体斜面培养，扩大培养，曲种培养和麸曲培养四个阶段。实际是逐步扩大培养的过程，见图2-12。

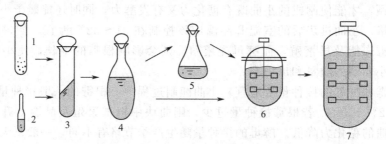

图 2-12 纯种曲霉的扩大培养过程
1—曲霉孢子；2—冷冻干燥孢子；3—斜面孢子；4—扁瓶孢子；
5—三角烧瓶培养；6—种子罐；7—发酵罐

二、纯种曲霉的麸曲生产工艺

1. 斜面菌种制作

试管斜面接曲霉孢子少许，在32℃的保温箱内培养4～6天，待菌株生长完好后，再进一步检查。质量较好的试管菌株，应当菌丝粗壮，孢子穗肥大，稠密，无不孕菌丝，无变异，无杂菌污染，背面少褶皱，菌苔不肥厚。将试管斜面翻转，轻轻一扣，孢子在试管内飞扬，而无凝结水吸附。从中国科学院取回的 As.3.4309 菌株，是用察氏培养基移种传代的。由于察氏培养基是合成培养基，只能基本满足微生物生长的最低限度的培养成分，作为留种传代用是比较科学合理的。但作为生产用的试管菌株，则此培养基不适用。有的厂加少许豆汁，以淀粉代替蔗糖，以磷酸二氢钾代替磷酸氢二钾，可取得较好的培养效果。

2. 原菌培养

制作曲种的种子，白酒厂称为原菌，用三角瓶培养原菌，密封性好，培养方法如下。

（1）配料和灭菌

取麸皮筛去细面，取粗片，麸皮：水=1:1，拌匀后取纸片卷成漏斗状，从漏斗孔眼中注入曲料，可避免麸皮黏附于三角瓶壁，摊平后的厚度3～5mm，通常250mL的三角瓶约装干料10g，500mL的三角瓶约装干料20g，加棉塞，外包牛皮纸或报纸，用橡皮筋和渔网线将外部棉塞的包纸捆紧，高压灭菌1h，灭菌后，不得将外包纸或棉塞弄湿，待冷却后接菌。

（2）培养方法

待三角瓶内曲料冷凉后，在无菌操作条件下接入试管菌株孢子少许于三角瓶内麸皮中，拌匀，将三角瓶放倒，使曲料呈堆积状，在32℃的保温箱内培养，每隔8h摇瓶一次，摇瓶后仍为堆积状，培养至32h摊平，培养至36～40h，菌丝连接后扣瓶。扣瓶后继续培养，总培养时间为4天。要求分生孢子穗健壮、丰满、颜色一致，无或极少气生不孕菌丝，瓶内尽量少有凝结水珠。要求曲料水分适宜，既要保证原菌生长必需的水分，又不能过多，如过多，原生菌放置稍久，容易污染杂菌，如芽孢杆菌、乳酸菌或长"水毛"，给进一步扩大培养造成危害。因此已制成的原菌，最好立即使用，如需放置一个时期以防止新的原菌不能立即补充，可将菌孢子取出，倒入牛皮纸袋，在38～40℃的干燥箱中烘干1天左右，封口，放在冰箱中的干燥器内保藏。

3. 制曲种

制作麸曲的种子称为制曲种。根据生产规模的大小，可采用盒子曲和帘子曲两种培养方式，盒子曲种便于控制温度和湿度，其质量较高；但生产规模较大的厂，可用帘子制作曲种，其操作方法如下。

（1）配料和蒸麸

取麸皮85%，鲜酒精15%，加水量为麸皮量的90%，拌和均匀，过扬散机一遍，即可蒸料。如酒糟质量不好，特别是陈旧或霉变酒糟，很容易污染杂菌，为保持曲料疏松，可配入15%左右的稻皮和粗谷糠代替酒糟。拌和好的曲料常压蒸麸，通汽后蒸1h，在有条件的厂可用高压灭菌进行蒸料，这对减少曲种污染，提高曲种质量很有好处。具体为：麸皮100kg，配15kg酒糟，如原料过细，加入适量谷糠（5%左右）。每100kg原料加水89～90kg，加水用喷壶边加边搅拌。拌匀后过筛一次（筛孔直径3～4mm），堆积润料1h，然后放入小甑锅或蒸笼中蒸50～60min。也可将原料用粗布包起来，在麸曲蒸料时放在锅中间进行蒸煮。

（2）散冷接种

将已蒸好的原料，放在恒温室内灭过菌的木箱（槽）中，过筛一次，翻拌散冷到38℃左右接种，接种量0.15%～0.20%（采用扩大培养原菌种）。在接种时先用一小部分原料与扩大培养的菌种混合搓散，使霉菌孢子散布均匀，然后撒在其余的原料上。再翻拌2～3次，充分混合均匀并降温至 30～34℃，用原来包原料的布包起来，放在离地面 30cm 左右的木架上进行堆积保温。夏季也可以直接装盒，但直接装盒时应将原料堆放在曲盒中而不摊平，原料的高度略低于曲盒的高度，以防将原料压紧。

（3）保温培养

① 堆积装盒　自接种开始装盒，是曲霉菌的发芽阶段。一般需经过 5～6h。堆积开始的品温应在 30～32℃，曲料水分含量为 50%～53%，酸度为 0.3～0.5。此时应控制室温在 29℃ 左右，干湿球差 1～2℃。经过 3～4h，进行松包翻拌一次，翻完后品温不得低于 30℃。再包好，并经 3～4h 即可装盒（曲料不经堆积直接装盒时，可将原料摊平）。装盒前将原料翻拌 1～2 次，装料厚度为 0.5～0.8cm。装盒时应轻松均匀，装完后用手摊平，使盒的中心稍薄，四周略厚些。搬曲盒时，应轻拿轻放，避免振动，并将其放在木架上摆成柱形，每笭为 6～8 个曲盒，最上层的曲盒应盖上草帘或空曲盒，避免原料水分迅速挥发。冬季笭与笭之间靠紧，夏季则可留 2～4cm 的空隙。

② 装盒、拉盒　自装盒到拉盒（拉开）7h 左右是曲霉菌营养菌丝的蔓延阶段，装盒后品温应控制在 30℃ 左右，室温仍控制在 28℃，干湿球差 1～1.5℃。装盒后 4h 左右倒盒 1 次，柱形排列不变，只是上下调换曲盒位置，达到温度均一。再经 3h 左右，品温上升到 35℃ 左右时，进行拉盒。盒子都盖上已灭菌的鲜草帘摆"品"字形。草帘含水不宜过多，严禁有水滴入原料内。此时应控制品温不超过 35℃。

③ 保潮　拉盒 24h 以内是曲霉生长子实体和生成孢子时期，即进入保潮期阶段。此时曲霉菌繁殖迅速、呼吸旺盛，品温应控制在 35～36℃ 之间，最高不得超过 37℃，室温控制在 24～25℃，干温球差 0.5℃。在保潮阶段应每隔 3～4h 倒盒 1 次，如果品温上升过猛，除适当降低室温外，还可将曲盒之间的空隙加大，减少曲盒的层数，或将草帘折在一起，以散发热量。如果湿度不够，可以用冷开水喷雾或向地面洒水。保潮期间应揭开草帘 1～2 次，以散发二氧化碳和热量。如发现草帘干燥，应用冷开水浸湿后再盖上。

自装盒后经 10～12h，曲料已连成饼状，可用无菌的玻璃将曲料划成 2cm 左右小块，但不要划得太细，以免菌丝断裂而影响发育和生长。

④ 排潮出室　拉盒 24h 以后则为孢子成熟期，进入排潮阶段。此时可揭去草帘，品温有逐渐降低趋势，必须保持室温 29～31℃，干温球差 1～2℃，品温 36℃ 左右，保持 14～16h 的霉菌已生长成熟。在此期间为使品温一致，还应倒盒 1～2 次。接种后过 58～60h 即可出曲房进行干燥，干湿温度以不超过 40℃ 为宜。干燥完毕后用盒保管。此即种曲，用于麸曲生产接种。

三、麸曲的质量

成曲出箱经扬散机打碎后，摊放在阴凉通风处保存使用。生产上尽可能使用新鲜曲，随着贮藏时间的延长，曲的质量会逐渐下降。曲的质量直接影响淀粉出酒率，因此如何正确评定曲的质量十分重要。习惯上是采用感官鉴定，以及测定糖化力、液化力来确定曲的质量。

1. 感官指标

结块紧而富有弹性，菌丝稠密且内外一致，无烧心和干皮，没有孢子或孢子极少，曲香味浓，没有酸臭味及其他怪味，颜色鲜者为好曲，糖化力高。

2. 理化指标

测定曲中所含淀粉酶的活力，通常测定曲子的液化力和糖化力。UV-11 菌种为 3000 单位以上，乌沙米曲霉和东酒 1 号为 800 单位以上。

3. 显微镜检查

菌丝粗壮整齐，无异状菌丝，杂菌少。

四、麸曲生产中的异常现象及预防措施

麸曲生产中的异常现象及预防措施如表 2-14 所示。

表 2-14 麸曲生产中的异常现象及预防措施

异常现象	原因分析	预防措施
干皮	曲房空气湿度小，曲温过高，水分大量蒸发	注意曲房空气湿度的管理，控制适宜的品温
曲松散不结块	菌丝生长不良，可能是品温过低或过高引起的，特别是前期水分过大使品温高，烧坏了幼嫩的菌丝；也可能是前期水分过少，温度过低，菌发育不良	注意堆积水分和第一次通风的温度
"夹心"（烧曲）	由于局部过热，曲料局部水分过高，装箱时料的松紧不匀，曲箱过大，通风不匀，短路跑风或出曲不及时打散、摊凉	精心操作，改进设备
酸味	因过热而烧坏的曲一般都有酸味	正确控制曲料水分和装箱温度，并掌握温度管理
结露	空气中水分冷凝成的细小水珠附着在曲料上	冬季勿使风温与室温相差悬殊
曲层品温上下相差过大	温度过低，不同部位生长不一致，导致产热不均	回收曲室空气以循环使用

思考题

1. 简述酒曲的概念及分类。
2. 制酒曲的原料有哪些？
3. 简述大曲的定义及类型。
4. 简述高温曲的生产工艺。
5. 大曲中的主要微生物有哪些？
6. 说明低温曲的生产技术。
7. 如何识别大曲质量的优劣？
8. 简述药小曲的制作工艺。
9. 麸曲生产的主要方法有几种？

第三章
白酒的生产

学习目标

【掌握】 大曲酒、麸曲酒及低度白酒的工艺流程及操作技术。
【了解】 小曲酒生产工艺流程。

一、大曲酒生产工艺的特点

我国白酒采用的固态发酵和固态法蒸馏的传统操作，是世界上独特的酿酒工艺。按照发酵方法，可以将其分为双边发酵、续渣发酵、甑桶蒸馏、多菌种发酵四类，各方法均有独自特点。

1. 双边发酵

双边发酵酒是糖化和发酵同时进行的。酿酒生产中都提倡"低温入窖，缓慢发酵"的操作工艺。这种低温下的边糖化边发酵，有利于香味物质的形成和积累，可使大曲酒具备醇、香、甜、净、爽的特点。

2. 续渣发酵

续渣发酵或称续糟（醅）发酵，生产中减少一部分酒糟（醅），增加一部分新料，配糟（醅）发酵，反复多次，这是我国特有的酒精发酵方法，称为"续糟发酵"或"续渣发酵"。采用续渣发酵法生产白酒有如下优点：第一是可调整入窖淀粉和酸度，一般配糟（醅）量为原料的4～5倍（小曲酒为2～3倍），有利于发酵；第二是酒糟（醅）经过长期反复发酵，积累了大量可供微生物营养和产生香味的前体物质，有利于产品品质的改善；第三有利于提高出酒率。

3. 甑桶蒸馏

固态法白酒的蒸馏是将发酵后的酒糟（醅）以手工方式装入传统的甑桶中，蒸出的白酒产品质量较好，这是我国人民的一大创造。这种简单的固态蒸馏方式，不仅是浓缩分离酒精的过程，而且是香味的提取和重新组合的过程。

4. 多菌种发酵

固态发酵白酒的生产，在整个生产过程中都是敞口操作，除原料蒸煮过程起到灭菌作用外，空气、水、工具、窖池和场地等各种渠道都能把大量的、多种多样的微生物带入其中。

二、大曲酒生产的类型

在白酒生产中一般是将原料蒸煮称为"蒸"，将酒醅的蒸馏称为"烧"。粉碎的生原料一般称为"渣"，茅台酒生产中称为"沙"，汾酒生产中称为"糁"。

大曲酒生产分为清渣和续渣两种方法，清香型酒大多采用清渣法，而浓香型酒、酱香型酒则采用续渣法。根据生产中原料和酒醅蒸馏时的配料不同，又可分为清蒸清渣、清蒸续渣、混蒸续渣等工艺。

清蒸清渣工艺的主要特点是蒸、烧分开，突出"清"字，一清到底。要求做到渣子清，醅子清，不能混杂。原料和辅料清蒸，清醅蒸馏，严格清洁卫生。

混蒸续渣，就是将酒醅与粉碎的新料按比例混合，同时进行蒸粮蒸酒，这一操作也叫做"混蒸混烧"。

清蒸续渣，是将原料的蒸煮和酒醅的蒸馏分开进行的，然后混合发酵。这种工艺既保留了清香型酒清香纯正的质量特色，又保持了续渣法酒香浓郁，口味醇厚的优点。

我国白酒酿造的传统工艺以及自动化酿酒车间分别见图 3-1 和图 3-2。

(a) 蒸煮　　　　　　　　　　　(b) 摊凉

(c) 发酵　　　　　　　　　　　(d) 蒸馏

图 3-1　白酒酿造传统工艺

图 3-2　自动化酿酒车间

第一节 大曲酒的生产

一、浓香型大曲酒生产工艺

浓香型白酒也称泸香型、窖香型白酒。它的产量占我国大曲酒总量的一半以上。浓香型大曲白酒一般都采用续渣法酿造，混蒸混烧、老窖续渣是其典型特点，工艺类似于老五甑操作法。当然，各地名优酒厂家常根据自身的产品特点，对工艺进行适当的调整。我们所熟知的泸州老窖特曲、五粮液、剑南春、沱牌曲酒、洋河大曲、古井贡酒、国窖1573都是浓香型白酒的典型代表（见图3-3）。

图 3-3 典型浓香型白酒

（一）工艺流程

浓香型白酒生产工艺流程如图 3-4 所示。

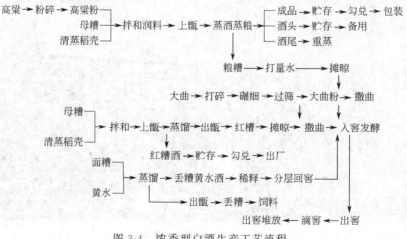

图 3-4 浓香型白酒生产工艺流程

（二）操作技术

1. 原料处理

浓香型白酒生产所使用的原料主要是高粱，但也有少数酒厂使用多种谷物原料混合酿酒的。以糯高粱为好，要求高粱籽粒饱满、成熟、干净、淀粉含量高。

原料高粱要先进行粉碎。目的是使颗粒淀粉暴露出来，增加原料表面积，不仅有利于淀粉颗粒的吸水膨胀和蒸煮糊化，糖化时还可增加与酶的接触，为糖化发酵创造良好的条件。但原料粉碎要适中，粉碎过粗，蒸煮糊化不易透彻，影响出酒；原料粉碎过细，酒醅容易发腻或起疙瘩，蒸馏时容易压汽，必然会加大填充料用量，影响酒的质量。由于浓香型酒采用续渣法工艺，原料要经过多次发酵，所以不必粉碎过细，仅要求每粒高粱破碎成4~6瓣即可，一般能通过40目的筛孔，其中粗粉占50%左右。

采用高温曲或中温曲作为糖化发酵剂，要求曲块质硬，内部干燥并富有浓郁的曲香味，不带任何霉臭味和酸臭味，曲块断面整齐，边皮很薄，内呈灰白色或浅褐色，不带其他颜色。为了增加曲子与粮粉的接触，大曲可加强粉碎，先用锤式粉碎机粗碎，再用钢磨磨成曲粉，粒度如芝麻大小为宜。

在固体白酒发酵中，稻壳是优良的填充剂和疏松剂，一般要求稻壳新鲜干燥，呈金黄色，不带霉烂味。为了驱除稻壳中的异味和有害物质，要求预先把稻壳清蒸30~40min，直到蒸汽中无怪味为止，然后出甑凉干，使含水量在13%以下，备用。

2. 出窖

南方酒厂把酒醅及酒糟统称为糟。浓香型酒厂均采用经多次循环发酵的酒醅（母糟、老糟）进行配料，人们把这种糟称为"万年糟"。"千年老窖万年糟"这句话，充分说明浓香型白酒的质量与窖、糟有着密切的关系。

浓香型酒正常生产时，每个窖中一般有六甑物料，最上面一甑为回糟（面糟），下面五甑为粮糟。不少浓香型酒厂也常采用老五甑操作法，窖内存放四甑物料。

起糟出窖时，先除去窖皮泥，起出面糟，再起粮糟（母糟）。在起母糟之前，堆糟坝要彻底清扫干净，以免母糟受到污染。面糟单独蒸馏，蒸后作丢糟处理，蒸得的丢糟酒，常回醅发酵。然后，再起出五甑粮糟，分别配入高粱粉，做成五甑粮糟和一甑红糟，分别蒸酒，重新回入窖池发酵。当出窖起糟到一定的深度，会出现黄水，应停止出窖。可在窖内母糟中央挖一个0.7m直径、深至窖底的黄水坑；也可将粮糟移到窖底较高的一端，让黄水滴入较低部位；或者把粮糟起到窖外堆糟坝上，滴出黄水。有的厂在建窖时预先在窖底埋入一黄水缸。使黄水自动流入缸内，出窖时将黄水抽尽，这种操作称为"滴窖降酸"和"滴窖降水"。

黄水是窖内酒醅向下层渗漏的黄色淋浆水，它含有1%~2%的残余淀粉，0.3%~0.7%的残糖，4%~5%（体积分数）的酒精，以及醋酸、腐殖质和酵母菌体的自溶物等。黄水较酸，酸度高达5度左右，而且它还有一些经过驯化的己酸菌和白酒香味的前体物质，它是制造人工老窖的好材料，可促进新窖老熟，提高酒质。一般工厂常把它集中后蒸得黄水酒，与酒尾一起回酒发酵。

滴窖时要勤舀，一般每窖需舀5~6次，从开始滴窖到起完母糟，要求在12h以上完成。滴窖之目的在于防止母糟酸度过高，酒醅含水太多，造成稻壳用量过大影响酒质。滴窖后的酒醅，含水量一般控制在60%左右。

酒醅出窖时，要对酒醅的发酵情况进行感官鉴定，及时决定是否要调整下排的工艺条件

（主要是下排的配料和入窖条件），这对保证酒的产量和质量是十分重要的。通过开窖感官鉴定，判断发酵的好坏，是一个快速、简便、有效的方法，在生产实践中起着重要的指导作用。

3. 配料、拌和

配料在固态白酒生产中是一个重要的操作环节。配料时主要控制粮醅比和粮糠比，蒸料后要控制粮曲比。配料首先要以甑和窖的容积为依据，同时要根据季节变化适当进行调整。如泸州老窖大曲酒，甑容 $1.25m^3$，每甑投入原料 120～130kg，粮醅比为 1：（4～5），稻壳用量为原料量的 17%～22%，冬少夏多。配料、拌和见图 3-5。

图 3-5 白酒酿造配料、拌和

配料时要加入较多的母糟（酒醅），其作用是调节酸度和淀粉浓度，使酸度控制在 1.2～1.7，淀粉含量在 16%～22%，为下排的糖化发酵创造适宜的条件；同时，还可增加母糟的发酵轮次，使其中的残余淀粉得到充分利用，并使酒醅有更多的机会与窖泥接触，多产生香味物质。配料时常采用大回醅的方法，粮醅比可达 1：（4～6）。

稻壳可疏松酒醅，稀释淀粉，冲淡酸度，吸收酒分，保持浆水，有利于发酵和蒸馏。但用量过多，会影响酒质。应适当控制用量，尽可能通过"滴窖"和"增醅"来达到所需要求。稻壳用量常为投料量的 20%～22%。

配料要做到"稳、准、细、净"。对原料用量、配醅加糠的数量比例等要严格控制，并根据原料性质、气候条件进行必要的调节，尽量保证发酵的稳定。

为了提高酒味的纯净度，可将粉碎成 4～6 瓣的高粱渣预先进行清蒸处理，在配料前泼入原料量 18%～20% 的 40℃热水进行润料，也可用适量的冷水拌匀上甑，待圆汽后再蒸 10min 左右，立即出甑扬冷，再配料。这样，可使原料中的杂味预先挥发驱除。

酿制浓香型酒，除了以高粱为主要原料外，也可添加其他的粮谷原料同时发酵。多种原料混合使用，充分利用了各种粮食资源，而且能给微生物提供全面的营养成分，原料中的有用成分经过微生物发酵代谢，产生多种副产物，使酒的香味、口味更为协调丰满。"高粱香、玉米甜、大米净、大麦冲"是人们长期实践的总结。

为了达到以窖养醅和以醅养窖，使每个窖池的理化特征和微生物区系相对稳定的目的，可以采用"原出原入"的操作，某个窖取出的酒醅，经过配料蒸粮后仍返回原窖发酵，这样可使酒的风格保持稳定。

出窖配料后，要进行润料。将所投的原料和酒醅拌匀并堆积1h左右，表面撒上一层稻壳，防止酒精的挥发损失。润料的目的是使生料预先吸收水分和酸度，促使淀粉膨化，有利于蒸煮糊化。要注意拌和低翻快拌，防止挥发，也不能先把稻壳拌入原料粉中，这样会使粮粉进入稻壳内，影响糊化和发酵。

经试验，润料时间的长短与蒸煮时淀粉糊化率高低有关。例如酒醅含水分60%时，润料40~60min，出甑粮糟糊化率即可达到正常要求。

润料时若发现上排酒醅因发酵不良而保不住水分，可采取以下措施进行弥补。

① 用黄水润料，当酒醅酸度<2.0时，可缩短滴窖时间，以保持酒醅的含水量。也可用本排黄水20~30kg泼在酒醅上，立即和原料拌匀使它充分吸水。

② 用酒尾润料，用酒尾若干，泼在已加原料的酒醅上，拌匀堆积，以不见干面为度。

③ 蒸完粮酒，如发现水分仍不足，可在出甑前10min泼上80℃热水若干，翻拌一次，盖上云盘再蒸一次。在打量水时要扣除这部分水量。

4. 蒸酒蒸粮

"生香靠发酵，提香靠蒸馏"，说明白酒蒸馏相当重要。蒸馏之目的，一方面是要使成熟酒醅中的酒精成分、香味物质等挥发、浓缩、提取出来；另一方面是要通过蒸馏把杂质排除出去，得到所需的成品酒。

典型的浓香型酒蒸馏采用混蒸混烧，原料的蒸煮和酒的蒸馏在甑内是同时进行的。一般先蒸面糟、后蒸粮糟。

(1) 蒸面糟（回糟）

将蒸馏设备洗刷干净，黄水可倒入底锅与面糟一起蒸馏。蒸得的黄水丢糟酒，稀释到20%（体积分数）左右，泼回窖内重新发酵，可以抑制酒醅内生酸细菌的生长，有利于己酸菌的繁殖，能达到以酒养窖的目的，并可促进醇酸酯化，加强产香。

要分层回酒，控制入窖粮糟的酒度在2%（体积分数）以内，可在窖底和窖壁多喷洒些稀酒，以利于己酸菌产香。实践证明，回酒发酵还能驱除酒中的窖底泥腥味，使酒质更加纯正，尾子干净。一般经过回酒发酵，可使下一排的酒质明显提高，所以把这一措施称之"回酒升级"。不仅可以用黄水丢糟酒发酵，也可用较好的酒回酒发酵。

蒸面糟后的废糟，含淀粉在8%左右，一般用作饲料，也可加入糖化发酵剂再发酵一次，把酒醅用于串香或直接蒸馏，生产普通酒。目前有些酒厂，将废糟再行发酵，提高蛋白质含量，做成饲料，也有将酒糟除去稻壳，加入其他营养成分，做成配合饲料的。

(2) 蒸粮糟

蒸完面糟后，再蒸粮糟。要求均匀进汽、缓火蒸馏、低温流酒，使酒醅中5%（体积分数）左右的酒精成分浓缩到65%（体积分数）左右。流酒开始，可单独接取0.5kg左右的酒头。酒头中含低沸点物质较多，香浓冲辣，可存放用来调香。以后流出的馏分，应分段接取，量质取酒，并分级贮存。

蒸馏时要控制流酒温度，一般应在25℃左右，不宜超过30℃。流酒温度过低，会让乙醛等低沸点杂质过多的进入酒内；流酒温度过高，酒精和香气成分的挥发损失会增加。

流酒时间15~20min，断花时应截取酒尾，待油花满面时则断尾，时间需30~35min。断尾后要加大火力蒸粮，以促进原料淀粉糊化并达到冲酸之目的。蒸粮总时间在70min左右，要求原料柔熟不腻，内无生心，外无粘连。

在蒸酒过程中，原料和酒醅都受到灭菌处理，并把粮香也蒸入成品酒内。

（3）蒸红糟

红糟即回糟，指母糟蒸酒后，只加大曲，不加原料，再次入窖发酵，成为下一排的面糟，这一操作称为蒸红糟。用来蒸红糟的酒醅在上甑时，要提前20min左右拌入稻壳，疏松酒醅，并根据酒醅湿度大小调整加糠数量。红糟蒸酒后，一般不打量水，只需扬冷加曲，拌匀入窖，成为下排的面糟。

5. 打量水、摊凉、撒曲

根据发酵基本原理，糊化以后的淀粉物质，必须在充分吸水以后才能被酶作用，转化生成可发酵性糖，再由糖转化生成酒精。因此粮糟蒸馏后，需立即加入85℃以上的热水，这一操作称为"打量水"，也叫热水泼浆或热浆泼量。量水温度要高，才能使蒸粮过程中未吸足水分的淀粉颗粒进一步吸浆，达到54%左右的适宜入窖水分。量水温度过低，淀粉颗粒难以将水分吸入内部，使水停留在颗粒表面，容易在入窖后出现淋浆现象，造成上部酒醅干燥，发酵不良，同时淀粉也难以进一步糊化。

量水的用量视季节而定，一般出甑的粮糟含水量在50%左右，打量水后，使入窖水分在53%～55%之间。依照经验，每百千克粮粉原料，打量水70～80kg，便可达到入窖水分的要求。同时要根据季节、醅次等不同略加调整，夏季可多，冬季可少。窖底大渣层可多点，有利于酒醅中的养料被水分溶解渗入窖底、窖壁，使窖泥中的产香细菌得以强化，也可增强窖底的密闭程度，便于厌氧性细菌发挥作用。若量水用量不足，会引起发酵不良；但用量过大，也会造成酒味淡薄，酒精成分损失过多。

打量水的方法不尽相同，有的打平水，即同一个窖中各层粮糟加水量相同，也有打梯度水的，即上层加水多，下层加水少，防止产生淋浆。打量水要求洒开泼匀，不能冲在一处，并将回酒发酵的稀酒液量从量水中予以扣除。

泼量水后，粮糟温度仍高达87～91℃，最好能有一定的堆积时间，让淀粉继续吸水糊化，经试验，堆积20min，可使蒸粮50min的粮糟淀粉糊化率达到蒸粮70min的同等程度。

摊凉也称扬冷，即使出甑的粮糟迅速降低温度，挥发部分酸分和表面的水分，吸入新鲜空气，为入窖发酵创造条件。传统的摊凉操作是将打完量水的糟子撒在晾堂上，散匀铺平，厚3～4cm，进行人工翻拌，吹风冷却，整个操作要求迅速、细致，尽量避免杂菌污染，防止淀粉老化。一般夏季需要40～60min，冬季20min左右。目前不少厂已改用凉糟床、凉渣机等代替人工，使摊凉时间大为缩短。

要注意摊凉场地和设备的清洁卫生，否则各种微生物都能很快繁殖生长，尤其夏季气温高时，乳酸菌等更易感染，影响正常的发酵。

撒曲，扬冷后的粮糟应加入原料量18%～20%的大曲粉，红糟因未加新料，用曲量可减少1/3～1/2，同时要根据季节而调整用量，一般夏季少而冬季多。用曲太少，造成发酵困难，而用曲过多，糖化发酵加快，升温太猛，容易生酸，同样抑制发酵，并使酒的口味变粗带苦。

撒曲温度要略高于入窖温度，冬季高出3～4℃，其他季节与入窖温度持平。撒曲后要翻拌均匀，才能入窖发酵。

6. 入窖

粮糟入窖前，先在窖底撒上1～1.5kg大曲粉，以促进生香。第一甑料入窖温度可以略高，每入完一甑料，就要踩紧踩平，造成厌氧条件。粮糟入窖完毕，撒上一层稻壳，再入面糟，扒平踩紧，即可封窖发酵。入窖时，注意窖内粮糟不得高出地面，加入面糟后，也不得高出地面50cm以上，并要严格控制入窖条件，包括入窖温度、酸度、水分和淀粉浓度。

7. 封窖发酵

（1）封窖

粮糟、面糟入窖踩紧后，可在面糟表面覆盖 4～6cm 的封窖泥。封窖泥是用优质黄泥和它的窖皮泥踩柔和熟而成的。将泥抹平、抹光，以后每天清窖一次，因发酵酒醅下沉而使封窖泥出现裂缝的，应及时抹严，直到定型不裂为止，再在泥上盖层塑料薄膜，膜上覆盖泥沙，以便隔热保温，并防止窖泥干裂。

封窖的目的是使酒醅与外界空气隔绝，造成厌氧条件，防止有害微生物的侵入，同时避免酵母菌在空气充足时大量消耗可发酵性糖，影响曲酒发酵正常进行。但封窖不严，跟窖不及时，若有窖顶漏气，则会引起酒醅发烧、霉变、生酸，还会使酒带上邪杂味。

如不抹封窖泥而直接覆盖薄膜，虽然也能形成厌氧条件，但往往使酒带上烧臭味，成品酒的己酸乙酯含量因此而偏低，乳酸乙酯含量偏高，酒香气小，所以尽量采用泥封，窖顶中央应留一吹口，以利于发酵产生的 CO_2 逸出。

（2）发酵管理

浓香型白酒发酵期间，首先要做好清窖，其次要注意发酵酒醅的温度变化情况，要加强对酒醅水分、酸度、酒度、淀粉和糖分的检测，由此分析发酵进行得是否正常，科学地指导生产。

① 清窖　渣子入窖后半个月之内，应注意清窖，不让窖皮裂缝。如有裂缝应及时抹严，并检查 CO_2 吹口是否畅通。

② 温度的变化　大曲酒发酵要求其温度变化呈有规律性进行，即前缓、中挺、后缓落。在整个发酵期间，温度变化可以分为三个阶段。

a. 前发酵期　封窖后 3～4 天，由于酶的作用和微生物的生长繁殖，糖化发酵作用逐步加强，呼吸代谢所放出的热量，促使酒醅温度逐渐升高，并达到最高值，升温时间的长短和粮糟入窖温度的高低，加曲量的多少等因素有关。入窖温度高，到达最高发酵温度所需要的时间就短，夏季入窖后一天就能达到最高发酵温度，冬季由于入窖温度低，一般封窖后 8～12 天才升至最高温度。由于入窖温度低，糖化较慢，要 3d 后糖分才达到最高，相应地酵母发酵也慢，母糟升温缓，这就是前缓。这时，最高发酵品温和入窖温度一般相差 14～18℃。

b. 发酵稳定期　发酵温度达到最高峰，说明酒醅已进入旺盛的酒精发酵期，一般能维持 5～8 天，要求发酵最高温度在 30～33℃ 的停留时间长些，所谓中挺要挺足，使发酵进行得彻底，酒的产量和质量也高，高温持续一周左右后，会稍微下降，但降幅不大，在 27～28℃。封窖后 20 天之内，旺盛的酒精发酵阶段基本结束，酵母逐渐趋向衰老死亡，细菌和其他微生物数量增加，酒度、酸度和淀粉浓度将逐步趋于平稳。

c. 缓落阶段　入窖 20 天后，直至出窖为止，品温缓慢下降，这称后缓落。最后品温降至 25～26℃ 或更低。此阶段内酵母已逐渐失去活力，细菌的作用有所增强。酒精等酸类和各种酸类在进行缓慢而复杂的酯化作用，酒精含量会稍有下降，酸度会渐渐升高。这是发酵过程的后熟阶段，能生成成品酒较多的芳香成分。

通过以上三个阶段的温度变化情况，可以识别在配料、入窖条件等控制方面是否合理，以便在生产中进行适当的调整。

（3）酒醅中主要成分的变化

大曲白酒在发酵过程中，除了要注意其发酵品温的变化外，对淀粉、糖分、酸度、pH、酒度和水分、酵母数量等也要加以检测，以便掌握它们各自的变化规律，找到这些变化所引起的出酒率、酒的质量、风味的改变。每厂、每排、每窖的变化都不完全相同。表 3-1 为发酵酒醅的变化情况。

表 3-1 发酵酒醅的变化

项目及天数	水分/%	淀粉/%	还原糖/%	酸度/度	pH	含酒量（体积分数）/%	活酵母数/百万
入窖	54.3	16.15	—	1.9	3.8	—	47.5
封窖	55.4	14.89	1.49	2.0	3.8	0.40	45.0
1 天	55.6	14.86	2.82	2.0	3.8	1.07	54.0
3 天	59.9	10.33	0.68	2.2	3.8	3.74	54.5
5 天	61.0	9.28	0.52	2.2	3.8	4.10	68.5
8 天	61.0	8.61	0.36	2.2	3.8	4.76	72.0
15 天	62.5	7.57	0.42	2.4	3.7	4.62	63.5
20 天	64.1	7.05	0.24	2.6	3.7	4.61	63.0
30 天	64.1	6.90	0.24	2.9	3.6	4.65	60.0
40 天	64.1	6.62	0.22	3.2	3.4	6.44	57.0

二、酱香型大曲酒生产工艺

酱香型白酒亦称茅香型白酒，以贵州茅台酒为代表，属大曲酒类。其酒体具有酱香突出、幽雅细致、酒体醇厚、回味悠长、清澈透明、色泽微黄等特征。在所有的白酒中，酱香型白酒所含的总酸是相当高的一种，可达 2.0g/L（以乙酸计）以上，有着广大的消费群体，市场发展潜力很大。其发酵容器是石壁泥底窖池，酒体主体香成分不明确。茅台酒、王子酒、郎酒、武陵酒、赖茅酒、北大仓酒是其中典型代表，见图 3-6。

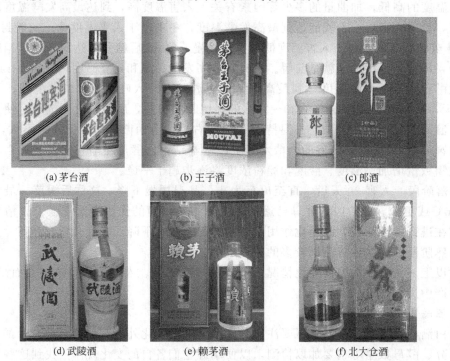

(a) 茅台酒　　(b) 王子酒　　(c) 郎酒

(d) 武陵酒　　(e) 赖茅酒　　(f) 北大仓酒

图 3-6 典型酱香型白酒

(一) 工艺流程

酱香型大曲酒生产工艺流程见图 3-7。

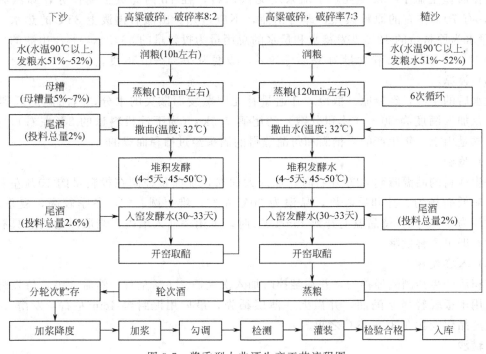

图 3-7 酱香型大曲酒生产工艺流程图

(二) 操作技术

1. 原料粉碎

酱香型白酒生产把高粱原料称为沙。在每年大生产周期中，分两次投料，第一次投料称下沙，第二次投料称糙沙，投料后需经过八次发酵，每次发酵一个月左右，一个大周期约10个月。由于原料要经过反复发酵，所以原料粉碎得比较粗，要求整粒与碎粒之比，下沙为 80%∶20%，糙沙为 70%∶30%，下沙和糙沙的投料量分别占投料总量的 50%。为了保证酒质的纯净，酱香型白酒在生产过程中基本上不加辅料，其疏松作用主要靠高粱原料粉碎的粗细来调节。

2. 大曲粉碎

酱香型白酒是采用高温大曲产酒生香的，由于高温大曲的糖化发酵力较低，原料粉碎又较粗，故大曲粉碎越细越好，有利糖化发酵。

3. 下沙

酱香型白酒生产的第一次投料称为下沙。每甑投高粱 350kg，下沙的投料量占总投料量的 50%。

(1) 泼水堆积

下沙时先将粉碎后的高粱泼上原料量 51%～52% 的 90℃以上的热水（称发粮水），泼水时边泼边拌，使原料吸水均匀。也可将水分成两次泼入，每泼一次，翻拌三次。注意防止水的流失，以免原料吸水不足。然后加入 5%～7% 的母糟拌匀。母糟是上年最后一轮发酵出窖后不蒸酒的优质酒醅，经测定，其淀粉浓度为 11%～14%，糖分为 0.7%～2.6%，酸度为3~3.5，酒度为4.8%~7%（体积分数）。发水后堆积润料10h左右。

(2) 蒸粮（蒸生沙）

先在甑篦上撒上一层稻壳，上甑采用见汽撒料，在1h内完成上甑任务，圆汽后蒸料2~3h，有70%左右的原料蒸熟，即可出甑，不应过熟。出甑后再泼上85℃的热水（称量水），量水为原料量的12%。发粮水和量水的总用量为投料量的56%~60%。出甑的生沙含水量为44%~45%，淀粉含量为38%~39%，酸度为0.34~0.36度。

(3) 摊凉

泼水后的生沙，经摊凉、散冷，并适量补充因蒸发而散失的水分，当品温降低到32℃左右时，加入酒度为30%（体积分数）的尾酒7.5kg（为下沙投料量的2%左右），拌匀。所加尾酒是由上一年生产的丢糟酒和每甑蒸得的酒头经过稀释而成的。

(4) 堆积

当生沙料的品温降到32℃左右时，加入大曲粉，加曲量控制在投料量的10%左右。加曲粉时应低撒扬匀。拌和后收堆，品温为30℃左右，堆要圆、匀，冬季较高，夏季堆矮，堆积时间为4~5天，待品温上升到45~50℃时，可用手插入堆内，当取出的酒醅具有香甜酒味时，即可入窖发酵。

(5) 入窖发酵

堆积后的生沙酒醅经拌匀，并在翻拌时加入次品酒2.6%左右。然后入窖，待发酵窖加满后，用木板轻轻压平醅面，并撒上一薄层稻壳，最后用泥封窖4cm左右，发酵30~33天，发酵品温变化在35~48℃之间。

4. 糙沙

酱香型白酒生产的第二次投料称为糙沙。

(1) 开窖配料

把发酵成熟的生沙酒醅分次取出，每次挖出半甑左右（300kg左右），与粉碎、发粮水后的高粱粉拌和，高粱粉原料为175~187.5kg。其发水操作与生沙相同。

(2) 蒸酒蒸粮

将生沙酒醅与糙沙粮粉拌匀，装甑，混蒸。首次蒸得的酒称生沙酒，出酒率较低，而且生涩味重，生沙酒经稀释后全部泼回糙沙的酒醅，重新参与发酵。这一操作称以酒养窖或以酒养醅。混蒸时间需达4~5h，保证糊化柔熟。

(3) 下窖发酵

把蒸熟的料醅扬凉，加曲拌匀，堆积发酵，工艺操作与生沙酒相同，然后下窖发酵。应当说明，酱香型白酒每年只投两次料，即下沙和糙沙各一次，以后六个轮次不再投入新料，只将酒醅反复发酵和蒸酒。

(4) 蒸糙沙酒

糙沙酒醅发酵时要注意品温、酸度、酒度的变化情况。发酵一个月后，即可开窖蒸酒（烤酒）。因为窖容较大，要多次蒸馏才能把窖内酒醅全部蒸完。为了减少酒分和香味物质的挥发损失，必须随起随蒸，当起到窖内最后一甑酒醅（也称香醅）时，应及时备好需回窖发酵并已堆积好的酒醅，待最后一甑香醅出窖后，立即将堆积酒醅入窖发酵。

蒸酒时应轻撒匀上，见汽上甑，缓汽蒸馏，量质摘酒，分等存放。酱香型白酒的流酒温度控制较高，常在40℃以上，这也是它"三高"特点之一，即高温制曲、高温堆积、高温流酒。糙沙香醅蒸出的酒称为"糙沙酒"。酒质甜味好，但冲、生涩、酸味重，它是每年大生产周期中的第二轮酒，也是需要入库贮存的第一次原酒。糙沙酒头应单独贮存留作勾兑，酒尾可泼回酒醅重新发酵产香，这叫"回沙"。

糙沙酒蒸馏结束，酒醅出甑后不再添加新料，经摊凉，加尾酒和大曲粉，拌匀堆积，再入窖发酵一个月，取出蒸酒，即得到第二轮酒，也就是第二次原酒，称"回沙酒"，此酒比糙沙酒香，醇和，略有涩味。以后的几个轮次均同"回沙"操作，分别接取三、四、五次原酒，统称"大回酒"，其酒质香浓，味醇厚，酒体较丰满，无邪杂味。第六轮次发酵蒸得的酒称"小回酒"，酒质醇和，糊香好，味长。第七次蒸得的酒为"枯糟酒"，又称追糟酒，酒质醇和，有糊香，但微苦、糟味较浓。第八次发酵蒸得的酒为丢糟酒，稍带枯糟的焦苦味，有糊香，一般作尾酒，经稀释后回窖发酵。

酱香型白酒的生产，一年一个周期，两次投料、八次发酵、七次流酒。从第三轮起后不再投入新料，但由于原料粉碎较粗，醅内淀粉含量较高，随着发酵轮次的增加，淀粉被逐步消耗，直至八次发酵结束，丢糟中淀粉含量仍在10%左右。

酱香型白酒发酵，大曲用量很高，用曲总量与投料总量比例高达1：1左右，各轮次发酵时的加曲量应视气温变化、淀粉含量以及酒质情况而调整。气温低，适当多用；气温高，适当少用，基本上控制在投料量的10%左右。其中第三、四、五轮次可适当多加些，而六、七、八轮次可适当减少用曲。

生产中每次蒸完酒后的酒醅经过扬凉、加曲后都要堆积发酵4～5天，其目的是使醅子更新富集微生物，并使大曲中的霉菌、嗜热芽孢杆菌、酵母菌等进一步繁殖，起二次制曲的作用。堆积品温到达45～50℃时，微生物已繁殖得较旺盛，再移入窖内进行发酵，使酿酒微生物占据绝对优势，保证发酵的正常进行，这是酱香型白酒生产独有的特点。

发酵时，糟醅采取原出原入，可达到以醅养窖和以窖养醅的作用。每次醅子堆积发酵完后，准备入窖前都要用尾酒泼窖，以保证发酵正常、产香良好。尾酒用量由开始时每窖15kg，逐渐随发酵轮次增加而减少为每窖5kg。每轮酒醅都泼入尾酒，回沙发酵，加强产香，酒尾用量应根据上一轮产酒好坏，堆积时醅子的干湿程度而定，一般控制在每窖酒醅泼酒15kg以上，随着发酵轮次的增加，逐渐减少泼入的酒量，最后丢糟不泼尾酒。回酒发酵是酱香型大曲白酒生产工艺的又一特点。

由于回酒较大，入窖时醅子含酒精已达2%（体积分数）左右，对抑制有害微生物的生长繁殖起到积极的作用，使产出的酒绵柔、醇厚。

酱香型白酒代表茅台酒生产用窖是用方块石与黏土砌成的，容积较大，在14m³或25m³左右。每年投产前必须用木柴烧窖，目的是杀灭窖内杂菌，除去枯糟味和提高窖温。每个窖用木柴50～100kg。烧完后的酒窖，待温度稍降，扫除灰烬，撒少量丢糟于窖底，再打扫一次。然后喷洒次品酒约7.5kg，撒大曲粉15kg左右，使窖底含有的己酸菌得到营养，加以活化。经以上处理后，方可投料使用。

由于酒醅在窖内所处的位置不同，酒的质量也不相同。蒸馏出的原酒基本上分为三种类型，即醇甜型、酱香型和窖底香型。其中酱香型风味的原酒是决定茅台酒质量的主要成分，大多是由窖中和窖顶部位的酒醅产生的；窖香型原酒则由窖底靠近窖泥的酒醅所产生；而醇甜型的原酒是由窖中酒醅所产生的。蒸酒时这三部分酒醅应分别蒸馏，酒液分开贮存。

为了勾兑调味使用，酱香型酒也可生产一定量的"双轮底"酒，在每次取出发酵成熟的双轮底醅时，一半添加新醅、尾酒、曲粉，拌匀后，堆积、回醅再发酵，另一半双轮底醅可直接蒸酒，单独存放，供调香用。

5. 贮存与勾兑

蒸馏所得的各轮次酒酒质不尽相同。在这7次取酒中，从原酒的质量看，前2轮次的酒质较差,酱香弱,酒体单薄,呈现霉味、生涩味较重;第3、4、5次酒,酒质较好;第6次酒带有较好的焦香;第7次酒出酒率低。

在各轮次的蒸酒过程中,窖内不同层次的酒体风格也不尽相同,一般来说,上层酒酱香较好,中层酒比较醇甜,而下层酒窖底香较好,故在蒸酒时应分层蒸酒,茅台酒八轮发酵生产工艺流程见图3-8。

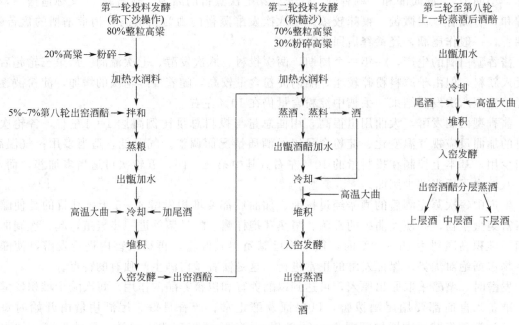

图 3-8 茅台酒八轮发酵生产工艺流程图

根据不同轮次,不同类型的原酒要分开贮存于容器中,分别贮存。经过三年陈化使酒味醇和,绵柔。经贮存三年后的原酒,经精心勾兑可成为"酱香浓郁,醇厚净爽,幽雅细腻,回味悠长"的酱香型白酒。

酱香型白酒与浓香型白酒关键工艺对照见表3-2。

表 3-2 酱香型白酒与浓香型白酒关键工艺对照

项 目	酱香型白酒	浓香型白酒
发酵容器	石壁泥底	泥窖
原料	高粱	高粱或多粮混合
曲药	高温大曲	中温大曲
用曲量	100%(8个轮次)	18%~20%(每轮)
配料方式	两次投料	续糟配料
糟醅	发酵8轮后作为丢糟	万年糟(循环利用)
入窖温度	28~32℃	18~22℃
发酵温度	28~45℃	18~35℃
流酒温度	35~40℃	25~35℃
主体香	不明确	己酸乙酯

续表

项　目	酱香型白酒	浓香型白酒
堆积	高温堆积（关键工艺）	不堆积
用糠量	不超过10%（8个轮次合计）	18%～25%
口感特征	酱香突出、幽雅细致、酒体醇厚、回味悠长、清澈透明、色泽微黄	窖香浓郁、绵柔甘洌、香味协调、入口甜、落口绵、尾净余长

三、清香型大曲酒生产工艺

清香型白酒以山西杏花村汾酒为代表，在白酒中占有重要地位，产量较大。历史上，汾酒曾经过了三次辉煌：1500年前的南北朝时期，汾酒作为宫廷御酒受到北齐武成帝的极力推崇，被载入廿四史，使汾酒一举成名；晚唐时期，大诗人杜牧一首《清明》诗吟出千古绝唱"借问酒家何处有？牧童遥指杏花村。"这是汾酒的二次成名；1915年，汾酒在巴拿马万国博览会上荣获甲等金质大奖章，为国争光，成为中国酿酒行业的佼佼者。汾酒风味特点为清香纯正、酒体纯净，体香成分乙酸乙酯和乳酸乙酯在成品酒中的比例为55：45。酿酒工艺特点是地缸发酵、石板封口、稻壳保温、清蒸二次清。技术要点在于必须有质量上等的小麦和豌豆制的曲，酿酒工艺的中心环节应消除使酒体产生邪杂味的所有因素。山西汾酒、河南宝丰酒、桂林三花酒、特制黄鹤楼酒是典型代表，其中汾酒和宝丰酒在国家名酒中荣获金牌，见图3-9。

(a) 山西汾酒

(b) 河南宝丰酒

(c) 桂林三花酒

(d) 特制黄鹤楼

图3-9　典型清香型白酒

（一）工艺流程

清香型白酒生产工艺流程见图3-10。

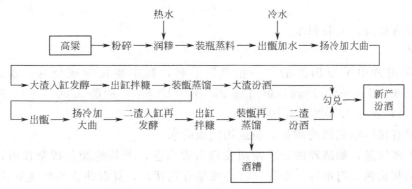

图3-10　清香型白酒生产工艺流程图

(二) 操作技术

清香型大曲酒的技术要点在于必须有质量上等的大麦、豌豆曲以及在酿酒工艺中以排除影响酒体的一切邪杂味为中心环节。汾酒总结了古代酿酒的7条秘诀，并有所发展。

(1) 人必得其精

酿酒技师及工人要有熟练的技术，懂得酿造技术，并精益求精，才能酿出好酒，多出酒。

此外，又进一步将人必得其精具体化为：工必得其细，拌必得其准，管必得其严，勾贮必得其适。

(2) 水必得其甘

要酿好酒，水质必须洁净。"甘"字也可做"甜水"解释，以区别于咸水。

(3) 曲必得其时

指制曲效果与温度、季节的关系，以便使有益微生物充分生长繁殖。所谓"冷酒热曲"，就是说使用夏季培养的大曲（伏曲）质量为好。

(4) 粮必得其实

原料高粱籽实饱满，无杂质，淀粉含量高，以保证较高的出酒率，故要求采用粒大而坚实的"一把抓"高粱。

(5) 器必得其洁

酿酒全过程必须十分注意卫生工作，以免杂菌及杂味侵入，影响酒的产量和质量。

(6) 缸必得其湿

创造良好的发酵环境，以达到出好酒的目的。因此，必须合理控制入缸酒醅的水分及温度。位于上部的酒醅入缸时水分略多些，温度稍低些。因为在发酵过程中水分会下沉，热气会上升。这样掌握，可使缸内酒醅发酵均匀一致些。酒醅中水分的多少与发酵速度、品温升降及出酒率有关。

另一种解释为若缸的湿度已饱和，就不再吸收酒而减少酒的损失，同时缸湿易于保湿，并可促进发酵。因此在汾酒发酵室内，每年夏天都要在缸旁的地上扎孔灌水。

(7) 火必得其缓

有两层意思：一是指发酵控制，火指温度，也就是说酒醅的发酵温度必须掌握"前缓升、中挺、后缓落"的原则才能出好酒；二是指酒醅蒸酒宜小火缓慢蒸馏才能提高蒸馏效率，既有质量又有产量，做到丰产丰收，并可避免穿甑、跑气等事故发生。蒸粮则宜均匀上汽，使原料充分糊化，以利糖化和发酵。

1. 原料

原料主要有高粱、大曲和水。

(1) 选料

高粱是应用晋中平原出产的"一把抓"品种，其主要化学成分为：水分11.2%～12.8%，淀粉62.57%～65.74%，蛋白质10.3%～12.5%，脂肪3.60%～4.38%，粗纤维1.8%～2.88%，灰分1.70%～2.30%。

水的质量直接影响到酒的质量，应选用优质的水。

大曲的外观质量，如清茬曲要求断面茬口为青白色，无其他颜色掺杂在内，气味清香。后火曲断面呈灰黄色，有单耳、双耳。红心曲呈五花茬口，具有曲香或炒豌豆香。红心曲断面呈一道红、典型的高粱糁红色，无异圈、杂色，具有曲香味。

(2) 粉碎

高粱和大曲必须经过粉碎后才能投入生产，粉碎度要求随生产工艺而变化。原料粉碎越细，越有利于蒸煮糊化，也有利于和微生物、酶的接触，但由于大曲酿造一般发酵周期比较长，醅中所含淀粉浓度较高，若粉碎过细会造成升温快，醅子发黏，容易污染杂菌等缺点，故高粱要求粉碎成4～8瓣/粒，细粉不得超过20%。对所使用大曲的粉碎度，第一次发酵用大曲，要求粉碎成大者如豌豆，小者如绿豆，能通过1.2mm筛孔的细粉不超过55%；第二次发酵用大曲，要求大者如绿豆，小者如小米粒，能通过1.2mm筛孔的细粉为70%～75%。粉碎细度和天气有关，夏季应粗一些，防止发酵时升温太快，冬季气温低可以细一些。

2. 润糁

粉碎后的高粱原料称红糁，在蒸料前要用热水润糁，称高温润糁。润糁的目的是使高粱吸收一定量的水分以利于糊化，而原料吸收水分的速度和能力与原料的粉碎度和水温有关。红糁浸泡0.5h，水温40℃，吸水率78%，水温70℃，吸水率100%，水温90℃，吸水率170%，采用高温润糁吸水量大，易于糊化。高温润糁时，水分不仅是附着于原料淀粉颗粒的表面，而且易渗入到淀粉颗粒内部。研究人员曾进行过高温润糁、蒸糁分次加水和在蒸糁后一次加冷水的对比试验，当采用同样的粮水比，其测定结果是在前者入缸时，由于发酵材料不淋浆，使前者发酵升温较缓慢，而后者进行淋浆，采用高温润糁所产成品酒比较绵、甜。另外高粱中含有少量果胶，高温润糁会促进果胶酶分解果胶形成甲醇，在蒸糁时即可排除，降低成品酒中甲醇含量，这些说明高温润糁是提高产品质量的一项措施。

高温润糁是将粉碎后的高粱加入相当于原料质量55%～62%的热水。夏季水温为75～80℃，冬季为80～90℃。拌匀后，进行堆积润料18～20h，这时料堆品温上升，冬季能达42～45℃，夏季能达47～52℃，料堆上应加盖覆盖物，中间翻动2～3次。如糁皮干燥，应补加水2%～3%（对原料比）。在这过程中侵入原料中的野生菌（好气性微生物）能进行繁殖和发酵，会使某些芳香和口味成分在堆积过程中积累，这能对增进酒质的回甜起到一定效果。润糁后质量要求：润透、不淋浆、无干糁、无异味、无疙瘩，手搓成面。

3. 蒸料

如图3-11所示，蒸料使用活甑桶，红糁的蒸料糊化是采用清蒸，这样可使酒味更加纯正清香。在装入红糁前先将底锅水煮沸，然后将500kg润料后的红糁均匀撒入，待蒸汽上匀后，再用60℃的热水15kg（所加热水量为原料的26%～30%）泼在表面上以促进糊化（称加闷头量）。在蒸煮初期，品温在98～99℃，加盖芦席，加大蒸汽，温度逐渐上升，到出甑时品温可达105℃，整个蒸料时间从装完甑算起需蒸足80min。红糁上部覆盖辅料，一起清蒸。经过清蒸的辅料应当天用完。红糁蒸后质量要求达到"熟而不黏，内无生心，有高粱糁香味，无异杂味"的标准。

4. 加水和扬晾（晾渣）

糊化后的红糁趁热由甑中取出堆成长方形，而后泼入为原料质量28%～30%的冷水（18～20℃的井水），立即翻拌使高粱充分吸水，即可进行通风晾渣。冬季要求降温至20～30℃，夏秋季气温较高，则要求品温降至室温。

5. 加大曲（下曲）

红糁扬晾后就可加入磨粉后的大曲粉，加曲量为投高粱质量的9%～11%，加曲的温度主要取决于入缸温度，因此在加曲后应立即拌匀下缸发酵。加曲温度根据经验采用：春季20～22℃；夏季20～25℃；秋季23～25℃；冬季25～30℃。

图 3-11 蒸料

6. 大渣（头渣）入缸

所用发酵设备和一般白酒生产不同，不是用窖而是用陶瓷缸。采用陶瓷缸装酒醅发酵是我国的古老传统。缸埋在地下，口与地面平。缸的容量有 255kg 和 127kg 两种规格。

每酿造 1100kg 原料需 8 只或 16 只陶瓷缸，缸间距离为 10~24cm。陶瓷缸在使用前，必须用清水洗净，再用花椒水洗刷一次。

水分和温度是控制微生物生命活动的最重要因素，是保证正常发酵的核心，也是提高酒的质量的关键所在，因此入缸温度和水分应非常准确。大渣入缸温度一般为 10~16℃，夏季越低越好，应做到比自然气温低 1~2℃。大渣入缸水分控制在 52%~53%。控制入缸水分是保证发酵良好的首要条件，入缸水分过低，糖化发酵不完全，相反，水分过高，发酵不正常，酒味寡淡不醇厚。

入缸后，缸顶用石板盖子盖严，使用清蒸后的谷壳封缸口，盖上还可用谷壳保温。

7. 发酵

要形成清香型酒所具的独特风格，就要做到中温缓慢发酵。只要掌握好发酵温度前期缓升，中期保持一定高温，后期温度缓落的发酵规律，就能实现汾酒生产的优质、高产、低消耗。原传统发酵周期为 21 天，为增加酒质芳香醇和，现已延长至 28 天。整个发酵过程，大致分为三个阶段。

（1）前期发酵

低温入缸是保证发酵"前缓、中挺、后缓落"的重要一环。入缸温度高，前期发酵升温迅猛；入缸温度过低，前期发酵会过长。发酵前缓期为 6~7 天，在这阶段应控制发酵温度，使品温缓慢上升到 20~30℃，这时微生物生长繁殖，霉菌糖化较迅速，淀粉含量急剧下降，还原糖含量迅速增加，酒精开始形成，酸度也增加较快。

（2）中期发酵

一般入缸后第 7~8 天至 17~18 天是中期发酵，为主发酵阶段，共 10 天左右，微生物生长繁殖以及发酵作用均极旺盛，淀粉含量急剧下降，酒精显著增加，酒精最高可达 12 度左右。由于酵母菌旺盛发酵抑制了产酸菌的活动，所以酸度增加缓慢。这时期温度一定要挺足，即保持一定的高温阶段。若发酵品温过早过快下降，则会使发酵不完全，出酒率低而且酒质较次。

(3) 后期发酵

这是指出缸前发酵的最后阶段，共 11～12 天，称后发酵期。此时糖化发酵作用均很微弱，霉菌逐渐减少，酵母逐渐死亡，酒精发酵几乎停止，酸度增加较快，温度停止上升。这阶段一般认为主要是生成酒的香味物质的过程（酯化过程）。

如这阶段品温下降过快，酵母发酵过早停止，将会不利于酯化反应的进行。如品温不下降，则酒精挥发损失过多，且有害杂菌继续繁殖生酸，便会产生各种有害物质，故后发酵期应做到控制温度缓落。

要达到上述发酵规律，除按要求做到入缸水分和温度准确外，还必须做好发酵容器的保温工作，冬季在缸盖上加盖保温材料（稻皮），夏季发酵前期保温材料少用些，尽量延长前发酵期。中、后发酵期要适当调整保温材料用量。另外在习惯上，夏季还可以在缸周围土地上扎眼灌凉水，促使缸中酒醅降温。

在 28 天的发酵过程中，须隔天检查一次发酵情况，一般在入缸后 1～12 天内检查，以后则不进行。在发酵室中能闻到一种类似苹果的芳香味，这是发酵良好的象征。醅子在缸中会随着发酵作用的进行逐渐下沉，下沉越多，则产酒越多，一般在正常情况下酒醅可以沉下全缸深度的 1/4。

8. 出缸、蒸馏

把发酵 28 天的成熟酒醅从缸中挖出，加入为原料质量 22%～25% 的辅料，即糠（其中稻壳：小米壳＝3：1），翻拌均匀装甑蒸馏。辅料用量要准确。

我国根据生产实践总结出"轻、松、薄、匀、缓"的装甑操作法，以保证酒醅材料在甑桶内疏松，上汽均匀。并要遵循"蒸汽二小一大""材料二干一湿"，缓汽蒸酒，大汽追尾的原则。即装甑打底时材料要干，蒸汽要小，在打底基础上，材料可湿些（即少用辅料），蒸汽应大些，装到最上层材料也要干，蒸汽宜小，盖上甑后缓汽蒸酒，最后大汽追尾，直至蒸尽酒精。蒸馏操作时，控制流酒速度为 3～4kg/min，流酒温度一般控制在 25～30℃，一般认为采用这流酒温度既少损失酒 又少跑香，并能最大限度地排除有害杂质，提高酒的质量和产量。

一般每甑约截酒头 1kg，酒度在 75 度以上。此酒头可进行回缸发酵。截除酒头的数量应视成品酒质量而确定。截头过多，会使成品酒中芳香物质去掉太多，使酒平淡；截头过少，又会使醛类物质过多地混入酒中，使酒味暴辣。

随"酒头"后流出的叫"六渣酒"，这种酒含酯量很高。蒸馏液的酒精度随着酒醅中酒精的减少而不断降低，当流酒的酒度下降至 30 度以下时，以后流出的酒称尾酒。也必须摘取分开存放，待下次蒸馏时，回入甑桶的底锅进行重新蒸馏，尾酒中含有大量香味物质，如乳酸乙酯。有机酸是白酒中呈口味物质，在酒尾中含量亦高于前面的馏分。因此在蒸馏时，如摘尾过早，将使大量香味物质存在于酒尾中及残存于酒糟中，从而损失大量的香味物质。但摘尾长，酒度会低。在蒸尾酒时可以加大蒸汽量"追尽"酒醅的尾酒。在流酒结束后，抬起排盖，敞口排酸 10min。

9. 入缸再发酵

为了充分利用原料中的淀粉，提高淀粉利用率，大渣酒醅蒸完酒后的醅子，还需继续发酵利用一次，这叫做二渣。

二渣的整个酿酒操作原则上和大渣相同，简述如下：首先将蒸完酒的醅子视干湿情况泼加 25～30kg（35℃）温水，即所谓"蒙头浆"；然后出甑，迅速扬冷到 30～38℃时，加入大渣投料量 10% 的大曲，翻拌均匀，待品温降到规定温度，即可入缸发酵。二渣入缸温度，春、秋、冬三季为 22～28℃，夏季为 18～23℃，二渣入缸水分控制在 59%～61%。

由于二渣含淀粉量比大渣低，糠含量大（蒸酒时拌入），所以比较疏松，入缸时会带入大量空气，对发酵不利，因此二渣入缸发酵必须适当地将醅子压紧，喷洒少量酒尾，使其回缸发酵，二渣发酵期现在亦为 28 天。

二渣酒醅出缸后，加少量的小米壳，即可按大渣酒醅一样操作进行蒸馏，蒸出来的酒叫二渣汾酒，二渣酒糟则作饲料用。

10. 贮存勾兑

汾酒在入库后，按照大渣、二渣，合格酒和优质酒分别存放在耐酸搪瓷罐中，一般要存放三年。原酒经贮存后，按大渣、二渣比例，加入不同的配料，严格按标准加浆，可配制成竹叶青酒、白玉汾酒、玫瑰汾酒三大配制酒。其中最为驰名也最受国际青睐的竹叶青酒就是在汾酒原酒基础上加入由明末清初的著名医学家傅山先生完善的 12 种名贵中药材精心配制而成的。配制时要先勾兑出小样，送质量部门核准后，再勾兑大样，品评合格后将勾兑后的酒经过滤，然后按类别计量盛装入库，最后进行成品包装。这一工序以机械操作为主，人工主要是负责严格的技术质量检验。

（三）清香型白酒典型代表简介

特制黄鹤楼酒：特制黄鹤楼酒是以高粱为原料，小麦、豌豆采制的"清糙曲"为糖化发酵剂，精心酿制，科学勾兑而成。感官特征：酒液清澈透明，酒质清香、典型纯正、入口绵软、酒味醇正、爽润舒适、后味干净。

宝丰酒：宝丰酒以高粱为原料，用小麦（50%）、大麦（30%）、豌豆（20%）混合制曲，为中温曲。制酒采用传统的清蒸续渣操作法，以内壁打蜡的水泥窖做发酵池，经贮存勾兑而成。产品具有无色透明、清香芬芳、甘润爽口、回味悠长的特点。

第二节
小曲酒的生产

小曲白酒是我国主要的蒸馏酒品种之一。尤其在我国南部、西南地区较为普遍。根据所用原料和生产工艺的不同，小曲酒生产工艺大致可分为两种类型：一类是固态法小曲酒生产工艺，在四川、云南、贵州等省盛行，以高粱、玉米等为原料，采用小曲箱式固态培菌、配醅发酵、固态蒸馏生产小曲白酒；另一类是半固态法小曲酒生产工艺，在广东、广西、福建等地较为普遍，以大米为原料，采用小曲固态培菌糖化、半固态发酵、液态蒸馏生产小曲白酒。

小曲白酒生产的主要特点：

① 适用的原料范围广，大米、高粱、玉米、稻谷、小麦、荞麦等整粒原料都能用来酿酒，有利于当地粮食资源的深度加工；

② 以小曲为糖化发酵剂，用曲量少，发酵期短，出酒率高；

③ 小曲白酒酒质柔和，质地纯净、清爽，能让国内外消费者普遍接受，桂林三花酒、全州湘山酒、五华长乐烧和豉味玉冰烧等都是著名的小曲酒。

一、半固态小曲酒生产工艺

小曲白酒生产工艺，在我国已有悠久的历史，它与我国的黄酒生产工艺有些类同，特别在南方各省，产量相当大。小曲白酒的生产分为固态发酵法和半固态发酵法两种，后者又可分为先培菌后糖化后发酵和边糖化边发酵两种典型的传统工艺。

（一）先培菌后糖化后发酵

此工艺特点是采用药小曲为糖化发酵剂，前期固态培菌糖化，后期半固态发酵，再经过蒸馏、陈酿和勾兑而成。

1. 工艺流程

先培菌后糖化后发酵工艺流程见图 3-12。

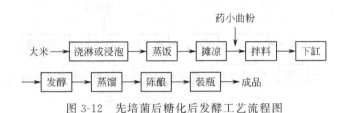

图 3-12　先培菌后糖化后发酵工艺流程图

2. 操作技术

（1）原料要求

大米淀粉含量为 71%～73%，碎米淀粉含量为 71%～72%，水分＜14%，生产用水总硬度＞2.5mol/L，pH＝7.4。

（2）浇淋或浸泡

原料大米用热水浇淋或者用 50～60℃ 温水浸泡 1h，使大米吸水。

（3）蒸饭

将浇淋过的大米原料倒入蒸饭甑内，耙平盖盖，进行加热蒸煮，待甑内蒸汽大上，蒸 15～20min，搅松耙平，再盖盖蒸煮。上大汽后蒸约 20min，饭粒变色，则开盖搅松，泼第一次水。继续盖好蒸至饭粒熟后，再泼第二次水，搅松均匀，再蒸至饭粒熟透为止。蒸熟后饭粒饱满，含水量为 62%～63%。

（4）摊凉拌料

摊凉至 36～37℃，加入原料量 0.8%～1% 的药小曲粉，拌匀后入缸。

（5）下缸糖化

每缸 15～20kg 原料，饭厚 10～13cm，中央挖一空洞。待品温降至 30～34℃ 时加盖，使其进行培菌糖化，经过 20～22h，品温达 37～39℃。经 24h，糖化率达 80%～90%，即可加水使之进行发酵。

（6）入缸发酵

加水量为原料量的 120%～125%，此时醅料含糖量应为 9%～10%，总酸 0.7 以下，酒精度 2%～3%（体积分数）。在 36℃ 左右发酵 6～7 天，残糖接近零，酒精度为 11%～12%（体积分数），总酸在 1.5 以下。

（7）蒸馏

传统方法采用土灶蒸馏锅，目前采用立式蒸馏釜间接蒸汽蒸馏。间歇蒸馏，掐头去尾，尾酒转入下一锅蒸馏，蒸馏釜用不锈钢制成，体积为 $6m^3$，间接蒸汽加热，蒸馏初期压力为 0.4MPa，流酒时压力为 0.05～0.15MPa，流酒温度 30℃ 以下，酒头取量 5～10kg，发现流出黄色或焦味的酒液时停止接酒。

(8) 陈酿

蒸馏所得的酒，应进行品尝和检验，色、香、味及理化指标合格者，入库陈酿，陈酿1年以上，再进行检查化验，最后勾兑装瓶得到成品酒。

(二) 边糖化边发酵工艺

边糖化边发酵的半固态发酵法，是我国南方各省配制米酒和豉味玉冰烧酒的传统工艺。

1. 工艺流程

边糖化边发酵工艺流程如图 3-13 所示。

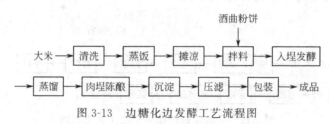

图 3-13 边糖化边发酵工艺流程图

2. 操作技术

(1) 蒸饭

在水泥锅中加入 110～115kg 清水，通蒸汽加热煮沸后，倒入淀粉含量 75% 以上的大米 100kg，加盖煮沸后翻拌并关蒸汽，待米饭吸水饱满后，开小量蒸汽焖 20min，即可出饭。蒸饭要求熟透疏松，无白心。

(2) 摊凉

出饭进入松饭机打散，摊在饭床上或传送带鼓风冷却，降低品温。要求摊凉至 35℃ 以下（夏天），冬季为 40℃ 左右。

(3) 拌料

按原料大米量加 18%～22% 酒曲饼粉，拌匀后入埕（酒瓮）发酵。

(4) 入埕发酵

装埕时先给每只埕加清水 6.5～7.0kg，再加 5kg 大米饭，封口后入发酵房。室温控制在 26～30℃，发酵前 3 天品温控制在 30℃ 以下。发酵期夏季为 15 天，冬季为 20 天。

(5) 蒸馏

用蒸馏甑蒸馏，每甑装 250kg 大米饭，蒸馏时截去酒头酒尾，保证初馏酒醇和。

(6) 肉埕陈酿

将蒸馏所得的酒装入坛内，每坛 20kg，并加肥猪肉 2kg，经过 3 个月陈酿后，可使脂肪缓慢溶解，吸附杂质，发生酯化反应，提高酒的老熟程度，从而使酒香醇可口，具有独特的豉味。

(7) 压滤沉淀

将酒倒入大池沉淀 20 天以上，坛内肥肉供下次陈酿。经沉淀后进行勾兑，除去油脂和沉淀物，将酒液压滤、包装，即为成品。

二、固态小曲酒生产工艺

固态发酵法小曲白酒生产工艺，因为使用整粒原料生产，它的工艺有独特之处，常在发酵前进行"润、泡、煮、焖、蒸"等操作。由于地区不同，工艺也都不一样，如四川永川糯高粱小曲酒、粳高粱小曲酒、玉米酒等都有其工艺特殊性。现以贵州生产的玉米小曲酒为代表进行介绍。

1. 工艺流程

玉米（苞谷）→浸泡→初蒸→焖粮→复蒸→摊凉→加曲→入箱培菌→配糟→发酵→蒸馏→成品。

2. 操作技术

（1）泡粮

整粒玉米在池中用90℃以上热水浸泡，夏季泡5～6h，春冬泡7～8h，泡好后即放水。泡粮要求水温上下一致，吸水均匀，热水淹过粮面30～35cm。放水后让粮滴干，次日再以冷水浸透，除去酸水，滴干初蒸。

（2）初蒸

又称干蒸。将浸后玉米放入甑内铺好扒平，大汽蒸料2～2.5h。干蒸时先以大汽干蒸，使苞谷柔熟、不粘手。如汽小，外皮含水过重，以致焖水时发生淀粉流失。装甑时也应轻倒匀撒，以使上汽均匀。干蒸可促使玉米颗粒及淀粉受热膨胀，增强吸水性，缩短煮粮时间和减少淀粉流失。干蒸好的玉米，外皮有0.5mm左右的裂口。

（3）煮粮焖水

干蒸后加入40～60℃的蒸馏冷却水，水面淹过粮面35～50cm，先用小汽将水煮至微沸，待玉米有95%以上裂口，手捏内层已全部透心为止，即可放出热水，作为下次泡粮用。待其滴干后，将甑内玉米扒平，装入2～3cm谷壳，以防蒸汽冷凝水回滴在粮面上，引起大开花，同时除去谷壳的邪杂味，有利于提高酒质。煮焖粮时，要适当进行搅拌，焖粮时严禁大汽大火，防止淀粉流失。要求玉米透心不粘手，冷天稍软，热天稍硬。

（4）复蒸

煮焖好的玉米，停数小时，再围边上盖，小汽小火，达到圆汽，再大火大汽蒸煮，快出甑时，用大火大汽蒸排水。共蒸料3～4h，蒸好的玉米，手捏柔熟、起沙、不粘手，水汽干为好。蒸料时要防止小火小汽长蒸，这样会使玉米外皮含水过重，影响培菌糖化。

（5）出甑、摊凉、下曲

出甑、摊凉的温度因地区气候而不同，以纯种根霉曲为例（见表3-3）。

表3-3 不同季节的下曲、摊凉条件

季　节	第一次下曲	第二次下曲	培菌时间	用　曲　量	培菌箱温度
春冬季	38～40℃	34～35℃	25～26h	0.35%～0.4%	30～32℃
夏秋季	27～28℃	25～26℃	21～24h	0.3%～0.33%	25～26℃

（6）培菌糖化

在凉渣机上倒入热糟6～16cm厚，耙平吹冷，撒上2～3cm厚的谷壳，再将熟粮倒入，耙平吹冷，分两次下曲，拌匀后按要求温度保温培养，保温材料用糟。

（7）发酵

熟粮经培菌糖化后，可吹冷配糟，入池（桶）发酵。预先在池底铺一定厚度的底糟，再将醅子倒入池内，拍紧或适当踩紧，盖上糟，再以塑料薄膜封池，四周以谷壳封边，或可泥封发酵7天左右，即可蒸酒。发酵分水桶和旱桶。水桶一般配糟较少，当发酵温度升到38～39℃时，投水、稀释降温，是代替配糟的方法之一。旱桶配的糟，其配糟用量大，代替了投水作用。

(8) 蒸酒

蒸酒前先将发酵酒醅的黄水滴干，再拌入一定量的谷壳，边上汽边装甑，先装盖糟再装红糟，将黄水倒入底锅，上盖蒸酒。蒸馏时，先小火小汽，再中火中汽，最后大火大汽追尾，分段摘酒，掐头去尾。

第三节 麸曲酒的生产

麸曲白酒是以高粱、薯干、玉米及高粱糠等含淀粉的物质为原料，采用纯种麸曲酒母代替大曲（砖曲）作糖化发酵剂所生产的蒸馏酒。

名酒和优质酒多数是大曲酒。其质量和风格特点，除与酿酒原料和酿造工艺密切相关外，还取决于大曲或窖泥中的微生物。茅台酒如没有大曲中产生酱香的高温细菌，就不能得到酱香型茅台酒；汾酒若没有大曲中产生清香的汉逊酵母，也不能得到清香型汾酒；若没有老窖泥中的己酸菌和丁酸菌，更不能得到浓香型的泸州特曲和五粮液。酿酒的原料，独特的工艺，必须在特种微生物的作用下才能产生独特的大曲酒风味。各种名酒优质白酒的生产也是这样。但是大曲酒也有一些弱点，那就是要消耗大量的小麦、大麦和豌豆，耗粮高，用曲多，发酵周期长，出酒率低。

1949年以来，推广了培养纯种的麸曲酒母酿酒，应用优良的糖化菌和发酵菌酿酒，这对提高淀粉利用率和出酒率都起了促进作用，使制酒工艺得到了进一步的发展。液态发酵，又在这个基础上前进了一步。但是，因为菌种单纯，在一定程度上影响了我国白酒固有的风味，所以液态酒、麸曲酒与大曲酒相比，尚有一定距离。

为了既达到大曲酒的质量，又保持麸曲酿酒、液态酒工艺的先进特点，近年来，在酿酒战线上兴起了应用多种微生物麸曲酿酒法。这种方法不仅已经应用到固态法优质白酒的生产上，在液态法白酒的生产上也初见成效。多种微生物在麸曲白酒生产中得以应用。

1. 生香酵母的使用

自从陵川白酒厂应用生香酵母混合酿酒，取得优质酒的显著成绩后，近年来，各地纷纷采用生香酵母来增加酒的酯香。能够产生乙酸酯类，特别是乙酸乙酯的酵母很多，其中主要的一类是汉逊酵母属。其他如假丝酵母、圆酵母、球拟酵母等也能产酯，以朗必克假丝酵母2.1182号菌株产酯较好，应用时可按酒的不同香型选择。清香型酒应选择汉逊酵母，酱香型酒可应用球拟酵母。

2. 从大曲中分离多种有益微生物糖化发酵酿造麸曲白酒

在大曲中，各种微生物的兴衰交替，各种制曲工艺特点，特别是升温特点，形成了各种大曲的特异微生物。如果在大曲的不同培养阶段，分离各种微生物纯种，进行有效性能的测定，使这些多种微生物参与白酒的糖化和发酵，可以生成近似大曲多种微生物的代谢产物。如果将这些特异性的微生物分别制成麸曲酒母用于酿酒，只要采取适宜的制曲和酿酒工艺，同样也可制得各种香型和风格的优质白酒，如"六曲香"、"燕潮铭"、"迎春酒"。

3. 从窖泥中分离己酸菌和丁酸菌

许多细菌并不是有害的微生物，它们在白酒酿造中能协同菌种发酵，常常比酵母和霉菌更能独具风格地表现出白酒的风味。从窖泥中分离的己酸菌、丁酸菌，是泸型酒主体香气的主要菌种。内蒙古自治区轻工业研究所,从宜宾五粮液老窖泥中分离出的己酸菌、丁酸菌,经单独培养,人工发酵,可在各种工艺条件下(泥窖、水泥池等)获得具有浓香型的麸曲白酒。特别是己酸、丁酸发酵液,用于液态发酵白酒增香,可产生十分显著的效果。因此,用某些细菌来提高白酒质量,有着广阔的前景。

制造麸曲白酒,可以根据香型需要来组合选择微生物。如清香型白酒,可用生香酵母、白地霉、根霉、毛霉、犁头霉等;酱香型白酒可用球拟酵母、河内白曲等;浓香型白酒可用己酸菌、丁酸菌。要应用多种微生物酿酒,就必须扩大培养各种微生物,而各种微生物的习性和生活条件不完全相同,所以应该按照它们各自的特点,单独培养、扩大然后共同发酵。有的可采用混合培养,但应注意混合比例,因为各种微生物的粗放程度、生长速度不同,混合培养会造成以强抑弱,即长势强的压倒生长缓慢的,粗放的压抑娇嫩的,会使某些菌种受到抑制,如果能够认真分析各种菌的生长特点,将具有共同特点的菌种放在一起,以接种量相调节,也可获得较好的效果,手续更为简便。

应用多种微生物麸曲、酒母代替大曲,制造优质麸曲白酒和液态白酒,不仅节省制造大曲的粮食,降低用曲量,缩短发酵周期,降低成本,而且出酒率高,符合优质、高产、低消耗的增产节约原则。这种工艺,目前已为许多白酒厂采用,必将促使我国白酒质量普遍提高。

一、麸曲白酒生产工艺流程

麸曲白酒是以高粱、薯干、玉米等含淀粉的物质为原料,采用纯种麸曲酒母代替大曲作糖化发酵剂所生产的蒸馏酒,其工艺流程见图 3-14。

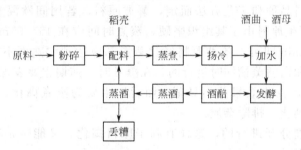

图 3-14 麸曲白酒的生产工艺流程图

二、麸曲白酒生产操作技术

1. 原料配方

薯干粉(含淀粉 65%)100kg,鲜酒糟冬季 500kg,夏季 600～700kg,稻壳冬季 25～35kg、夏季 25～30kg,麸曲 6～8kg,酒母 4～7kg(制酒母时所耗粮食数)。

2. 原料粉碎

一般薯干原料经过粉碎应能通过直径为 1.5～2.5mm 的筛孔,高粱、玉米等原料也不应低于这个标准。原料粉碎可以促进淀粉的均匀吸水,加速膨胀,利于蒸煮糊化;通过粉碎又可增大原料颗粒的表面积,在糖化发酵过程中以便加强和曲、酵母的接触,使淀粉尽量得到转化,利于提高出酒率;原料粉碎后还可使其中的有害成分易于挥发排除出去,有利于提高成品酒的质量。

3. 配料

配料是白酒生产工艺的重要环节，其目的是要通过主、辅原料的合理配比，给微生物的生长繁殖和生命活动创造良好的条件，并使原料中的淀粉在糖化酶和酒化酶的作用下，尽可能多地转化成酒精，同时使发酵过程中形成的香味物质得以保存下来，使成品白酒具备独特的风格。配料时要根据原料品种和性质、气温条件来进行安排，并要考虑生产设备、工艺条件、糖化发酵剂的种类和质量等因素。由于原料性质不同、气温高低不同、酒糟所含残余淀粉量不同及填充料特性的不同，配料比例应有所变化，如果原料淀粉含量高，酒糟和其他填充料配入的比例也要增加；如果酒糟所含残余淀粉量多，则要减少酒糟配比而增加稻壳或谷糠用量。填充料颗粒粗，配入量可减少。根据经验计算，一般薯类原料和粮谷类原料，配料时淀粉浓度应在14%～16%为适宜。填充料用量占原料量的20%～30%，根据具体情况作相应调整。粮醅比一般为1：(4～6)。

配料时要求混合均匀，保持疏松。拌料要细致，混蒸时拌醅要尽量注意减少酒精的挥发损失，原料和辅料配比要准。

4. 蒸煮

蒸煮利用水蒸气的热能使淀粉颗粒吸水膨胀破裂，以便淀粉酶作用，同时借蒸煮能把原料和辅料中的杂菌杀死，保证发酵过程的正常进行。在蒸煮时，原料和辅料中所含的有害物质也可挥发排除出去。原料不同，淀粉颗粒的大小、形状、松紧程度也不同，因此蒸煮糊化的难易程度也有差异。蒸煮时既要保证原料中淀粉充分糊化，达到灭菌要求，又要尽量减少在蒸煮过程中产生有害物质，特别是固态发酵，淀粉浓度较高，比较容易产生有害物质，因此蒸煮压力不宜过高，蒸煮时间不宜过长，一般均采用常压蒸煮，蒸煮温度都在100℃以上。蒸煮时间要视原料品种和工艺方法而定，薯类原料，若用间歇混蒸法，需要蒸煮35～40min。粮谷原料及野生原料由于其组织坚硬，蒸煮时间应在45～55min。若薯干原料采用连续常压蒸煮只需15min即可。各种原料经过蒸煮都应达到"熟而不黏，内无生心"的要求。混烧是原料蒸煮和白酒蒸馏同时进行的，在蒸煮时，前期主要表现为酒的蒸馏，温度较低，一般为85～95℃，糊化效果并不显著，而后期主要为蒸煮糊化，这时应该加大火力，提高温度，可以促进糊化，排除杂质。

清蒸是蒸煮和蒸馏分开进行的，这样有利于原料糊化，又能防止有害杂质混入成品酒内，对提高白酒质量有益。

麸曲白酒的生产由于采用常压蒸煮，蒸煮温度又不太高，所以生成的有害物质少，在蒸煮过程中不断排出二次蒸汽，使杂质能较多地排掉，因此固态发酵生产的白酒，其质量相对地比液态法白酒要好。

5. 晾渣冷却

晾渣主要为了降低料醅温度，以便接入麸曲和酒母，进行糖化发酵。

通过晾渣又可使水分和杂质得以挥发，以便吸收新鲜浆水。在晾渣过程中，由于渣醅充分接触空气，可使它所含的还原性物质得到充分氧化，减少了还原性物质对发酵的影响。在晾渣时，可使渣醅吸入新鲜空气，以供给微生物生长繁殖之用。采用通风冷却，利用带式晾渣机进行连续通风冷却，所用的空气最好预先经过空调，调节风温在10～18℃，冷却带上的料层不宜太厚，可在25cm以下。为避免冷风走捷路，冷风应呈3°～4°的倾斜角度吹入热料层中。风速不宜过高，以防止淀粉颗粒表面水分迅速蒸发，而内部水分来不及向外扩散，致使颗粒表面结成干皮，影响水分和热量的散发。晾渣时要保持料层疏松、均匀，上、下部的温差不能过大，防止下层料产生干皮，影响吸浆和排杂。

晾渣后，料温度要求降低到下列范围：气温在 1~10℃时，料温降到 30~32℃；气温在 10~15℃，料温降到 25~28℃；气温高时，要求料温降低到降不下为止。

6. 加曲、加酒母、加浆

渣醅冷却到适宜温度即可加入麸曲、酒母和水（浆水），搅拌均匀入池发酵。

（1）加曲

加曲温度一般在 25~35℃，可比入池温度高 2~3℃。加曲温度过高，会使入池糖分过多，为杂菌繁殖提供条件，易引起渣醅发黏结块，影响吸浆，并使发酵前期升温过猛，对出酒不利。曲的用量应根据曲的质量和原料种类、性质而定。曲的糖化酶活力高，淀粉容易被糖化，可少用曲，反之则多用曲。一般用曲量为原料量的 6%~10%，薯干原料用 6%~8%，粮谷原料用 8%~10%，代用原料用 9%~11%。随着曲的糖化力的提高，用曲量可以相应地减少。应尽量使用培养到 32~34h 的新鲜曲，少用陈曲，更不要使用发酵带臭的坏曲。加曲时为了增大曲和料的接触面，麸曲可预先进行粉碎。

（2）加酒母、加水

酒母和浆水往往是同时加入的，可把酒母醅和水混合在一起，边搅拌边加入。酒母用量以制酒母时耗用的粮食数来表示，一般为投料量的 4%~7%，每千克酒母醅可以加入 30~32kg 的水，拌匀后泼入渣醅进行发酵。加浆量应根据入池水分来决定。所用酒母醅酸度应为 0.3~0.4 度，酵母细胞数为 1 亿~1.2 亿/毫升，出芽率为 20%~30%，细胞死亡率为 1%~3%。

7. 入池条件的控制

低温入池是保证发酵良好的重要手段。低温时，酵母能保持活力，耐酒精能力也强，酶不易被破坏，并可有效地抑制杂菌的繁殖，所以麸曲白酒生产极注意低温入池。在其他条件确定后，入池温度的高低直接影响着发酵的好坏。一般入池温度应在 15~25℃之间，根据气温、淀粉浓度、操作方法的不同而异。固体发酵是通过控制入池淀粉浓度和入池温度来调节发酵温度的。淀粉浓度的大小支配着池内发酵温度的高低。麸曲白酒生产利用入池淀粉浓度来控制发酵过程中的升温幅度，保证发酵正常进行，入池淀粉浓度一般在 14%~16%较好，冬季可偏高，夏季可偏低。微生物的生长和繁殖以及酶的作用都需要一个适当的 pH 值。酵母繁殖最适 pH 值为 4.5~5.0，发酵最适 pH 值为 4.5~5.5。麸曲的液化酶最适 pH 值为 6.0，糖化酶的最适 pH 值为 4.5 左右，而一般杂菌喜欢在中性或偏碱性条件下繁殖。为了抑制杂菌繁殖，保证发酵正常进行，一般入池酸度：粮谷原料为 0.6~0.8，薯类原料为 0.5~0.6。

水分对麸曲白酒的生产影响极大，薯料原料入池水分在 58%~62%，粮谷原料入池水分在 57%~58%，冬天可偏高，夏天可偏低。考虑到发酵过程中的水分淋降，池上层可比池下层多 1%的水分。

8. 发酵

麸曲白酒发酵时间较短，发酵期仅 6~7 天，出池酒精浓度一般为 5%~6%。和大曲酒相比，出酒率较高，大曲酒发酵期一般为 15~60 天，它在长时间发酵中，后期酒精发酵很少，而主要是形成酒的芳香成分。麸曲白酒生产正常时，池内发酵变化有一定的规律性，可以用这些规律来指导生产。发酵时不但要求能够产生多量的酒精，而且还要求得到多种芳香物质，使白酒成为独具风格的饮料。固态法麸曲白酒是采用我国传统的边糖化边发酵的工艺，在发酵温度下，糖化发酵同时并进。这种发酵工艺由于在较低温度下进行，糖化速度比较缓慢，代谢产物不会过早的大量积累，升温也不会过快，酵母不会早衰，发酵比较完善，芳香物质也易保存，酒的质量较好。

9. 蒸馏

麸曲白酒的蒸馏是要把酒醅中的酒精成分提取出来，使成品酒具有一定的酒精浓度。同时通过蒸馏要把香味物质蒸入酒中，使成品酒形成独特的风格。通过蒸馏还应驱除有害杂质，使白酒符合卫生指标。麸曲白酒蒸馏，主要用土甑及罐式连续蒸酒机进行。使用土甑蒸馏，要"缓气蒸酒""大汽追尾"，流酒速度 3～4kg/min，流酒温度控制在 25～35℃，并根据酒的质量采取掐头去尾。酒头的量一般为成品的 2% 左右，掐头过多，芳香物质损失太多，酒味淡薄，掐头过少，酒味暴辣。成品酒度在 50 度以下，高沸点杂质增多，应除去酒尾。间歇蒸馏对保证白酒质量起着极为重要的作用。

罐式连续蒸酒机，由于在蒸馏时整个操作是连续进行的，因此在操作时应注意进料和出料的平衡，以及热量的均衡性，保证料封，防止跑酒。添加填充料要均匀，池底部位的酒醅要比池顶部位的酒醅多加填充料，一般添加填充料的量为原料量的 30%，由于蒸酒机是连续运转的，无法掐头去尾，成品酒质量比土甑间歇蒸馏要差。蒸馏设备见图 3-15，图 3-16。

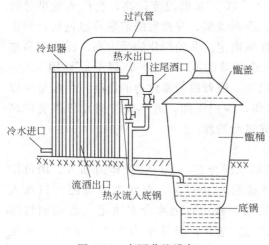

图 3-15 白酒蒸馏设备

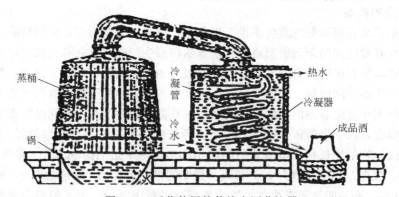

图 3-16 近代使用的传统白酒蒸馏器

10. 人工催陈

刚生产出来的新酒，口味欠佳，一般都需要贮存一定时间，让其自然老熟，可以减少新酒的辛辣味，使酒体绵软适口，醇厚香浓。为了缩短老熟时间，加速设备和场地回转，可以利用人工催陈的办法促进酒的老熟。

第四节
液态法白酒生产技术

液态发酵法白酒生产工艺是以液态发酵为基础，蒸馏操作等同于固态发酵法白酒的工艺。液态发酵法白酒分为液态熟料发酵法和液态生料发酵法。

一、液态熟料发酵法

液态熟料发酵比液态生料发酵，仅增加了蒸料工序，成本相当，而口感和品质却有很大的改善和提高，出酒率也略有增加。

1. 工艺流程

原料→蒸煮→入缸（调酸）→加曲→发酵→蒸馏→成品。

2. 操作技术

（1）生产原料

主要为大米（或米粉），要求无霉变、无虫蛀、无污染。发酵剂为熟料液态专用酒曲，配比为原料：发酵剂：水＝100：1：(250～280)。

（2）浸米

将大米放入容器内浸泡，水面要超过大米5～10cm，常温浸泡10h左右，夏季时间稍短，冬季时间稍长（如是米粉，可适量润水后直接上锅蒸馏，润水量为原料的30%左右）。

（3）蒸料

将浸泡或润水后的大米上锅蒸煮，要求蒸熟、蒸透，不夹生。

（4）入缸（调酸）

将蒸好的原料倒入发酵容器，加入洁净的冷水，加水量是原料的2.5～2.8倍；然后将米饭搅散、拌匀，并加酸将pH值调至5.6～6.0。

（5）加曲

待水温降至23～28℃（冬高夏低），加入酒曲，加曲量为原料的1%；然后充分搅拌，再用塑料布扎口密封，进行保温发酵。

（6）发酵

加曲4h后，打开塑料布，将原料再进行充分搅拌，搅拌时间应不少于20min。以后每天上午和下午，同样各搅拌一次。48～60h发酵旺盛，产生大量气泡，再重新用塑料布扎口密封。如容器内发酵仍较强烈，气体将塑料布鼓起，可在塑料布上开个小洞，进行排气。一般发酵旺盛期在24h左右，72h后渐趋平静。整个发酵过程6～8天，若适当延长发酵时间有助于提高酒质。发酵期间，室温宜保持在25～30℃，过高、过低都会对产酒有影响。

（7）蒸馏

同常规操作，注意掐头去尾，烧火应两头大中间平，并控制出酒温度，宜低不宜高。

3. 注意事项

① 发酵前段属敞开式，可多吸纳一些有益微生物参与共酵，但同时也会进入部分有害杂菌，因此要注意操作者和发酵室环境及器具的清洁卫生，进行杀菌消毒，防止酸败变质。

② 加曲时的水温应适宜，切勿偏高。

③ 与液态生料发酵不同的是发酵前期是有氧发酵，此过程是培菌阶段，因此必须充分搅拌。

4. 相关指标

① 感官指标　无色、透明、清亮，无悬浮物，无沉淀；醇香、清雅、无邪杂异味；绵甜、爽冽，具有小曲米酒的口感和香味。

② 理化指标　总酸≥0.25g/L；总酯≥0.8g/L；固形物≥0.4g/L。

二、液态生料发酵法

液态生料发酵法是利用玉米或大米为原料的生料酿酒技术，虽然我国早在 20 世纪 80 年代后期就进行过研究，但到 20 世纪 90 年代中期才得到推广应用。由于它省去了传统酿酒法的蒸煮、摊凉等工序，因此，能降低能耗约 30%，可节约场地、设备，降低酿酒成本，且出酒率还能有所提高，特别是其副产物酒糟可作为优质的蛋白饲料，可以显著提高酿酒业的综合效益。

所谓生料酿酒（也称为生料发酵）就是微生物直接利用生淀粉进行生长繁殖、代谢的生产酒精的过程。这种无蒸煮原料酿酒技术的关键在于生淀粉的糖化，此糖化过程不仅要有高转化率的糖化酶，而且要有能直接利用生淀粉进行液化、糖化的酶类。为了使淀粉能充分参与，以使淀粉分子被充分的暴露出来，被淀粉糖化酶分解为葡萄糖，提高原料的利用率，糖化过程中可加入少量的纤维素酶分解纤维素，进一步提高葡萄糖的产率。

1. 工艺流程

原料玉米粉→调浆→糖化与发酵→蒸馏→基础酒。

此工艺操作方便，参数易于控制，适于作坊式生产。

2. 操作技术

（1）器具的清洗

发酵操作前后所用器具均应用自来水清洗干净，以减少杂菌的污染。

（2）调浆

所用水应符合饮用水标准，加入水量按料水比为 1：3 确定。然后用柠檬酸或磷酸调节 pH 值至 4～5，加入实验要求量的糖化酶和其他酶类，再接入活化后的安琪酒精酵母。

（3）糖化与发酵

发酵过程料温最好控制在 25～30℃，发酵应做到前缓、中挺、后缓落，夏季加强通风降温；冬季做好保温工作。发酵时容器要密闭，每隔 24h 搅拌一次，3d 后每隔 24h 测一次酒精度，至 5～6 天，每隔 2～3h 用酒精比重计测一次酒精度，并记录结果。发酵周期随发酵温度的不同一般在 6～12 天。发酵温度恒定控制在 26℃，发酵周期约 7 天。当发酵醪表面无气泡产生，上部为淡黄色清亮液体，酒香突出，底部沉淀用手捏有疏松感，但酒度不再增加，甚至下降时，此时发酵醪已完全成熟，即进行蒸馏。

（4）蒸馏

火势两头急、中间缓，即大火升温，缓火蒸酒，大火追尾。蒸馏时控制冷凝水进水量，使流出酒温度在 30℃以下，先流出的 4～5mL 酒样为酒头，中馏酒的酒度控制在 20%（体积分数）以上。酒度 20%以下的酒尾加入下一蒸馏锅中再次蒸馏。蒸馏过程要防止暴沸、糊锅等现象的发生，主要方法是控制发酵成熟度、装醪量，掌握火候（不宜大火蒸酒）。

3. 影响生料完全彻底发酵的原因

生料酿酒的优越性逐渐得到人们的认可，采用生料酿酒的厂家也越来越多。但在众多的采用生料酿酒的厂家中，有的成功有的失败；有的出酒率高，口感也很好；有的出酒率低，其口感也差。所有这一切都是生料酒曲的质量和工艺操作的关系所致。

（1）原料的粒度

任何酿酒原料采用生料酿酒都应粉碎。粉碎的粒度越细越好，至少其粒度应 98%以上通过 40 目的筛孔。原料粒度小，接触糖化剂和发酵剂的面积大，更能使其原料完全彻底地得到糖化和发酵。残余的淀粉和糖分少，其出酒率就必然增多。

原料的粒度要均匀，否则，细的原料先完成发酵而粗的原料仍在继续发酵，给人们造成都完全发酵的错觉，致使蒸馏时产生焦锅、煳锅和淤锅的现象。以前说大米不用粉碎，但实践证明，大米经过粉碎后其发酵期可以缩短四五天，当然大米不用粉碎也能发酵，但发酵期要比粉碎过的大米延长四五天时间。如果是新鲜的植物、瓜果、蔬菜等作为酿酒原料，应去皮、去核、打浆后，再进行发酵，其发酵用水量可控制在 1：(1～2) 之间。

（2）原料与水的比例

原料与水的比例应控制在 1：(2.5～3)，水量多对发酵没有影响，水量少则因酒精分子含量高而抑制酵母的生长繁殖。

（3）下曲水温

无论生料和熟料，下曲水温（指原料加入发酵容器的水温）不能超过 36℃。因为下曲后升温的幅度为 5～8℃。品温超过 42℃时，发酵剂就会衰老死亡。这就是为什么发酵醪液只甜而无酒味的原因。下曲量在冬季和夏季应有不同。冬季为 0.7%～0.8%，夏季为 0.5%～0.6%，以原料的总量计算。

（4）搅拌

搅拌的目的是把发酵容器底部的原料搅拌上来，使之都能接触到酒曲，从而同步地得到完全彻底的发酵。原料在发酵时，尤其是在发酵进入旺盛期时，容器内的所有原料都好像似在煮稀粥那样翻滚，就等于是在自然搅拌了。但投入原料多，由于原料本身的自重而堆积于容器底部。原量量少时可"自动"搅拌，如量过多发酵的力度不够时，堆积于容器底部的原料即难以接触到酒曲。因此即应通过人工或机械的方式予以搅拌。在整个发酵期间，搅拌的次数在 3～5 次即可，即投料时充分搅拌一次，发酵旺盛时充分搅拌一次，原料漂浮于液面时再充分搅拌一次基本就可以了。当然在发酵液由浑浊变清和由清变为淡茶色时再拌一次也可以。如上所述在搅拌时，一定要将容器底部的原料搅拌上来。

（5）发酵容器

生产规模小者，可采用缸、罐、塑料桶作发酵容器；生产规模大者，可采用水泥池或不锈钢发酵罐作发酵容器。无论采用何种发酵容器，发酵前都应该洗净和杀菌消毒，采用水泥池作发酵容器，占地面积小、容量大、造价低，但水泥池内必须经环氧树脂处理，否则酒耗增大，而且会把邪杂味带入酒中，甚至还会缩短水泥池的使用寿命。水泥池内不涂抹环氧树脂，至少也要贴上瓷砖和玻璃，并用环氧树脂勾缝。

三、提高液态生料发酵法白酒质量的技术措施

在采用生料酿酒过程中，由于操作上的关系会产生种种问题，如处置不当即会造成不应有的损失，常见现象及处理方法如下。

1. 产酸的原因及其处理措施

发酵醪液产酸和酸败有多种原因。如发酵温度过高，发酵时间过长，用曲量过大等都会导致酸度增加。但是，目前许多采用生料酿酒者所反映的发酵醪液过酸的原因，都是在发酵时由于密封不严，漏气而产生的。如上所述，在发酵时其发酵容器一定要密封，不漏气，不能让外界空气进入参与共酵。发酵醪液过酸必然使出酒率降低。发酵醪液或酒质过酸，只能预防无法调整，唯一的办法是采用二次和多次再蒸馏。

2. 苦味的来源及其处理措施

用含单宁成分过高的原料、霉病的原料酿酒酒有苦味；发酵时间过长、用曲量过大、密封不严等，也会使酒产生苦味；蒸酒时采用大火、大汽也会使酒产生苦味。无论是熟料还是生料发酵，在蒸馏时一定要坚持采用"慢火蒸酒，大火追尾"的原则。因为大部分苦味成分是高沸点物质，蒸馏时温度过高，压力过大，把一般情况下蒸不出来的苦味成分也蒸馏出来了。苦味是酒中必具的，没有苦味即不是白酒。但苦味在白酒香味中所占的比例微小，就是说白酒入口后应微有一点苦味，但这种苦味在喉部应很快消失，不能长期停留。如长期停留者即不是好酒。为了避免酒中苦味物质过多，应采取如下的措施：不要用霉病腐败的原料酿酒；要控制酒曲的用量，发酵时要密封避免漏气；控制发酵温度不能过高，尤其在蒸馏时不能采用大火、大汽等。

蒸馏出来的酒有苦味者，可采用如下措施处理：苦味不严重者，经过一段时间（30~60d）的存放苦味自然消失；采用勾调方法处理，即用酸味剂（如柠檬酸）和甜味剂（如蛋白糖）勾调，虽然不能消除苦味但能掩盖苦味，而且会使酒的口感更好；如采用上述两种方法，其苦味仍然突出者即可采用重新蒸馏的方法。重新蒸馏当然要用小火，否则苦味仍将被再次蒸馏出来。

3. 酒味淡薄及其处理措施

生料白酒最大的优点也是其最大的弱点，即酒质纯和、不燥辣、酒味淡薄。究其原因，主要是生料内的酸味不够，因此显得水味重，后味差。酸是一种呈香物质，酒中酸味不够，很多芳香物质都难以表现出来。实践经验证明，在生料酒中适当地加入一些乙酸或柠檬酸，即能消除其淡水味，而且会使酒味更趋于芳香和丰满。如果还需要使酒味增加燥辣感，再适当微量地加入一些乙缩醛即能满足。

4. 发酵醪液不发酵的原因及其措施

发酵醪液不发酵的原因主要有以下两方面。

一是发酵温度过低。如上所述，发酵温度低于10℃以下时很难发酵甚至是不发酵。因为在这个温度条件下，生料酒曲内的微生物处于冬眠状态，不会生长繁殖，当然不能发酵。二是投料时，发酵容器内的料温超过36℃下酒曲。品温超过42℃时，酒曲内的发酵剂（酵母）即会因温度高而衰老或死亡，因此也不发酵。品尝其发酵醪液时，有甜味而无酒味。由此可见，温度过高或过低，都会使原料长期不能发酵。

长期不能发酵者的挽救措施如下：温度过低不能发酵者，及时采取升温措施，使温度达到20℃以上时，醪液即开始发酵。温度高而不能发酵者，重新再加入生料酒曲或加入原料总量的0.3%左右的糖化酶和0.2%左右的活性干酵母，即能使之重新发酵。

第五节 低度白酒的生产

低度白酒是指酒精体积分数低于40%的白酒。中国白酒是世界六大蒸馏酒之一，原来酒精体积分数大多在60%以上，大部分出口的名优白酒体积分数也在50%以上，这些高度白酒在加水或者加冰后会出现浑浊现象，并失去固有的风味，因而出口量受到一定的限制。为适应国外的饮酒习惯，增加出口量，低度白酒的大量生产势在必行。

低度白酒的生产工艺主要围绕着保持原酒香味、不出现浑浊现象进行。要保证低度白酒"低而不淡、低而不杂、低而不浊"的质量要求，各家酒厂各显其能，但低度白酒生产的基本流程较为一致。

一、低度白酒生产工艺流程

低度白酒生产工艺流程见图 3-17。

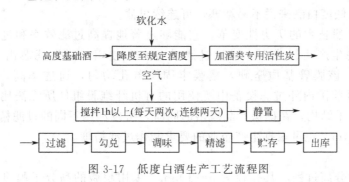

图 3-17　低度白酒生产工艺流程图

二、低度白酒生产操作技术

在低度白酒生产过程中，酒液除浊和勾兑调味是 2 个关键性处理过程，它们会直接影响产品的口感和质量。关于白酒勾兑调味详见项目四。

低度白酒的主要成分是水和乙醇，此外，还含有醛类、酮类、酚类及酯类等微量成分，由于检测手段的进步，现已找出低度白酒浑浊的原因是由少量的高级脂肪酸酯类物质所致，如棕榈酸乙酯、油酸乙酯和亚油酸乙酯等，由于它们的分子结构属于非极性的溶醇不溶水的物质，因此，在基酒降度成低度酒的过程中，由于酒精相对含量少，水含量相对增多，致使溶解度降低而析出，在温度低于 −5℃ 时则更为明显。下面介绍几种低度白酒的生产方法。

1. 多方式过滤法生产低度白酒

过滤法生产低度白酒是生产低度白酒所采用的最广泛的方法。具体反映在过滤设备和过滤介质的多样化。过滤方式不同，过滤的品温高低也不一，造成了过滤效果的优劣。

根据过滤设备和方法可分为：盲端过滤及错流过滤两种形式。在低度白酒生产过程中，一般采取常温过滤和冷冻过滤，将低度白酒中的高级脂肪酸酯类物质消除，从而使白酒降度后消除浑浊和沉淀现象。

（1）冷冻过滤法生产低度白酒

用冷冻过滤法生产低度白酒，温度非常重要。据国内外的实践证明：将降度后的白酒采取冷冻至该酒的冰点以上 0.5～1℃ 为宜。过去都知道冷冻法生产低度酒，但对于品温的冰点却很少考虑。实践证明，消除冷凝物质是一个非常关键的技术问题。由于不同酒精度的冰点不一样，而且既没有周期性也没有规律性，因此，白酒的冰点只有通过试验才能确切掌握。

除此之外，不同白酒酒精在 26%～46%（体积分数）时可以被去除，所得到的数字基本接近它的冰点。在接近冰点时过滤，基本可以达到消除冷凝物质的目的。采取冷冻过滤法生产的低度白酒，可较好地稳定酒质，同时又不影响低度白酒的基本风格。

（2）错流过滤生产低度白酒

错流过滤生产低度白酒是一个新课题，它充分体现了现代科学技术的先进性。传统过滤的滤液是垂直于过滤介质的，在过滤过程中，沉淀物聚积于过滤介质的表面，当沉淀层的厚度增加到一定程度时，过滤介质的孔隙被堵塞，过滤过程被迫终止。错流过滤打破了传统过滤的机制，即液体的流向和滤膜相切，使得滤膜的孔隙不容易堵塞。错流过滤是目前广泛使用的膜过滤方式，在错流系统中，悬浮液的流动方向与过滤方向垂直，利用较高的悬浮流速冲刷过滤面，减少滤渣在过滤面上的沉积，所以错流过滤与传统过滤（盲端过滤）相比具有明显优势，对过滤低度白酒来说不易堵塞，可连续过滤。

错流过滤是过滤技术的历史性变革，它能够显著地提高过滤效率和过滤质量，节省过滤材料，节约过滤生产运行成本。错流过滤设备中所使用的过滤滤芯由无机刚玉膜管和金属微孔膜组成。该膜管基质坚硬，覆膜牢固，布孔均匀，通透率高，可再生能力强、使用寿命长，是目前国内外过滤设备中所使用的有机纤维膜组件所无法比拟的。根据低度白酒香味成分的分子结构，在确保产品风格的同时，可以利用不同的过滤精度，即它的过滤微孔为 $0.1\sim0.55\mu m$，也可根据生产企业的要求制作过滤精度。

（3）超滤法

利用超滤膜的分离过程，其孔径为 $5\sim10nm$。采用超微的高分子膜将低度白酒以泵压滤，是一项较新的技术，若所使用的膜孔径合适且均一，则可除去酒中的细小微粒。目前已经有专门用于精制低度白酒的超过滤膜及装置投放市场。其原理是按照物质分子的大小进行分离的，过滤材质不需要更换。该超过滤装置有如下优点：过滤后酒中的有效成分不变、风味不变，有明显的醇香、绵软、爽口、醇甜的口感，无异味、杂味；45度以下的酒超滤后置于-10℃以下的条件下存放，不失光、不絮凝，货架期内酒不会出现浑浊现象；成本较低，每吨酒处理费用不到2元，生产和清洗时损耗较少。

2. 交换法生产低度白酒

此法可有效去除白酒中高分子的脂肪酸酯类物质和微量矿物质。离子交换树脂根据它交换基团性质的不同可分为：阳离子交换树脂和阴离子交换树脂两大类。其中，阳离子交换树脂以消除微量矿物质为主；阴离子交换树脂则以消除脂肪酸酯类物质及其他的有机物为主。使用时可单柱使用，也可串联使用，还可采用混合柱使用，具体使用方式应依据产品理化指标的要求，经试验后才能确定。另外，分子筛在低度白酒生产中的应用类同于离子交换树脂，在此不再详述。

3. 吸附法生产低度白酒

吸附法生产低度白酒也是一个比较普遍采用的方法。吸附法是利用吸附剂对白酒液中各种香味成分吸附能力的不同而达到分离的。吸附能力的大小与吸附成分的分子结构有很大关系。一般来说，分子结构大就容易吸附。常规的吸附法中有活性炭吸附法、淀粉吸附法、矿物吸附剂法、分子筛吸附法等。

（1）活性炭吸附法

活性炭以优质果壳、木炭为原料，是采用物理方法生产的粉末活性炭，是常用吸附物质之一。因其价格较低、吸附效果较好而被广泛采用。活性炭在活化过程中，清除了碳基本微晶之间的含碳化合物和无序碳，同时也清除了基本微晶的石墨层中的一部分碳，这样就产生了很多孔隙，形成了活性炭的多孔结构，即微孔、过渡孔和大孔类，活性炭的立体孔隙结构和巨大的比表面积决定了它的吸附作用。

低度白酒中风味物质在吸附过程中的损失，是影响低度白酒风味的关键因素。不同的活性炭对风味物质的吸附作用各不相同。分子直径是1.4μm，若选用孔径为1.4～2.0μm的活性炭除浊，己酸乙酯就会进入微孔而被吸附，使低度白酒风味受损，只有选用孔径大于2.0μm的活性炭，其微孔成为己酸乙酯的通道，而不会吸附己酸乙酯，但由于此类活性炭大孔径少，对大分子的香味成分吸附作用小，必须加大活性炭的用量，才能保证低温下不浑浊。任何一种活性炭的孔径分布都是很宽的，各种孔径都有，使用任何一种活性炭吸附低度白酒时都要吸附微量的己酸乙酯。所以，使用活性炭吸附的时候要根据理化指标确定其添加量，对于其他香型的白酒就要根据其所含的风味物质来确定。可根据白酒的质量选用不同规格的活性炭，用无油压缩空气搅拌30min，静置1h后再用无油压缩空气搅拌30min，静置1h后立即过滤，即可达到除浊的目的。活性炭在酒液中吸附作用原理是吸附—释放—再吸附。国外使用活性炭处理蒸馏酒时，一般都在2h内完成。实践证明：若活性炭在酒中存在时间过长，可能会使已经吸附的高分子化合物重新释放到酒液中，降低使用效果和使用效率，因此，在使用活性炭吸附法生产低度白酒时最好控制在2～3h内。

(2) 淀粉吸附法

淀粉是一种吸附性较弱的吸附剂，在处理低度白酒方面也可取得满意的结果。玉米淀粉的用量一般为0.1%～0.5%，但此法处理后的低度白酒抗冷冻能力稍差，遇气温较低时，会出现不同程度的失光返浊现象，且产量小、成本高。

(3) 膨润土、脂肪酸吸附法

膨润土、脂肪酸吸附法只适用于低度白酒生产中的个别香型或特殊工艺的白酒生产，并非是常用的方法。膨润土的主要成分是蒙脱石，是由两层硅氧四面体中间夹一层铝氧八面体组成的层状黏土矿物。根据蒙脱石所含的可交换阳离子种类、含量及结晶化学性质的不同，分为钠基、钙基、镁基、铝（氢）基等膨润土。膨润土有很强的阳离子交换性能，可用于吸附和除去低度白酒中高分子化合物及矿物质。它早已被应用于果酒的澄清，是一种效果比较好的澄清剂。脂肪酸吸附剂一般是指猪油而言，猪油的性质是：白色或微黄色蜡状固体，相对密度d_{15}^{15} 0.934%～0.938%，碘值46%～70%，熔点33～46℃，主要成分为油酸、棕榈酸和硬脂酸的甘油三酸酯，是从猪的内脏附近和皮下含脂肪的组织提取的，它是我国南方豉香型白酒的主要增香剂和吸附剂。该类产品外观澄清透明，无色或略带黄色，具有独特的豉香味，入口醇滑，无苦杂味。一般认为该类产品玉洁冰清，豉香独特，醇和甘滑，余味爽净。玉洁冰清是指酒液无色透明。在低度斋酒中，存在因高级脂肪酸乙酯析出而使酒液呈浑浊现象，经肥肉浸泡发生反应及吸附作用，遂使酒液变得无色透明。豉香独特是指酒中原有的基础香成分与浸泡陈肥肉的后熟香结合而形成的特殊香味。醇和甘滑、余味爽净是指保留了发酵过程中所产生的香味成分，又经浸肉过程的复杂反应生成了低级脂肪酸、二元酸及其酯和甘油等，并去除杂味，因而使酒体甜醇爽净。除此之外，在其他香型的白酒中按此法可以生产为调味酒。关于特殊原材料问题，应根据其他基本性质，在不同的范围和方法上认真研究，在科学的指导下应用。

(4) 分子筛吸附法

常用于有机物的分离，它能将大小不等的分子分开。白酒中高级脂肪酸乙酯相对分子质量为300左右，而四大酯（乙酸乙酯、己酸乙酯、乳酸乙酯、丁酸乙酯）的相对分子质量均小于150，因此可达到较好的分离效果。常用的有氧化铝筛、分子筛、凝胶等。

(5) 海藻酸钠吸附法

海藻酸钠作为高分子化合物，是一种优良的食品添加剂，具有以下优点：采用它处理低度白酒，不会影响酒的风味，口感较好；同时澄清速度快，用量较少；并且海藻酸钠具有保健作用，可以阻碍人体对胆固醇的吸收和降低血浆胆固醇浓度，增加胃肠蠕动，防止便秘，对预防人体发胖或者动脉粥样硬化起到一定的积极作用；此外，海藻酸钠中的大分子对一些有毒金属离子有选择性的吸收作用，抑制了有害金属离子在人体内的累积。因此，海藻酸钠的应用，增加了低度白酒的营养保健作用。用海藻酸钠处理的低度白酒清澈透明、醇香绵甜、回味悠长。

4. 复蒸馏法生产低度白酒

复蒸馏法生产低度白酒，复蒸馏就是再次蒸馏。复蒸馏的过程也是白酒进一步净化的过程，不过要有目的地选择其蒸馏方式。传统白酒蒸馏一般都是甑桶式蒸馏，而其他蒸馏酒的酒种一般是选择壶式蒸馏和釜式蒸馏，蒸馏的方式不一样，所得到的效果就不同。

传统的甑桶式蒸馏方式，沸程短，直接冷却，它的流出液成分复杂，其他高分子化合物及微量的不挥发物质往往被拖带在馏出液之中，使白酒的成分非常复杂，这些成分在高度白酒中彰显出酒体丰满之意，而在低度白酒中往往就会产生浑浊和失光，对低度白酒大有失色之感。

壶式蒸馏的蒸馏方式大部分是沸程长，两级冷却，它适应于各种酒类的复蒸馏，可使酒液在较长和壶式部位得到回馏，把高分子化合物及被拖带的物质回流到蒸馏釜，最终得到的是净化馏出液，该馏出液经色谱分析并不影响白酒的风味物质。壶式蒸馏的蒸馏方式除了作净化酒蒸馏外，也是液态发酵和半液态发酵生产蒸馏酒比较理想的设备，但由于它结构特殊，不适应固态法白酒酒醅的蒸馏，而在低度白酒复蒸馏的生产过程中，就可以彰显出它的先进性和科学性。

5. 加热过滤法生产低度白酒

原理：加热可以加速低度白酒的分子运动，其中的高级脂肪酸乙酯将浮于酒体表面形成一层无色液体，它极易吸附在植物纤维上，从而使酒体澄清；同时，低度白酒通过加热促进了水与酒精分子的缔合，达到了酒体老熟的效果。

方法：将酒基装入不锈钢罐内降度后，在密闭状态下利用罐内的两层盘管通入热水或蒸汽进行加热，3h后用普通棉布过滤即可分离。加热过滤后的低度白酒酯含量将上升。

思考题

1. 什么是大曲酒、小曲酒及麸曲酒？
2. 麸曲酒生产的工艺及操作要点有哪些？
3. 浓香型大曲酒生产工艺流程与操作要点是什么？
4. 酱香型白酒和浓香型白酒二者在工艺上有何不同？
5. 清香型大曲酒生产工艺流程与操作要点是什么？
6. 半固态小曲酒生产有哪两种工艺？二者有何不同？
7. 如何生产低度白酒？
8. 低度白酒除浊的方法有哪些？

第四章 白酒的贮存与勾兑调味技术

学习目标

【掌握】 白酒贮存、勾兑、调味原理及方法。
【了解】 白酒质量分析项目及检验方法。

第一节 白酒的贮存

白酒的贮存是白酒制造过程中必不可少的一道工序，白酒在酿造之后都要贮存才能饮用。刚蒸馏出的新酒，都有暴辣、冲鼻、刺激性大等缺点，新酒经过适当的贮存期，香气增加，酒味变得醇香、柔和，酒体各种成分趋于协调，白酒贮存的过程称为白酒的老熟或后熟。

一、白酒老熟的机制

白酒贮存过程中，在光、热、空气（氧）作用下，将产生一系列的物理、化学变化，使白酒变得绵柔、协调。

（一）物理变化

1. 挥发作用

新酒中的一些低沸点不良成分，如醛类、硫化氢和硫醇等会给酒带来不愉快的气味，在贮存中大部分自然挥发，减少了酒中的邪杂气味，而使香味突出，起到了去杂增香的作用。当然，白酒在贮藏过程中，也会挥发一些酒精和酯类物质，因此，酒库要保持适宜的温度，白酒的贮藏期要适当。

2. 缔合作用

白酒中的酒精和水都是极性分子，有很强的缔合能力，可以通过氢键缔合成大分子的酒精和水的缔合物，缔合的酒精与水的分子数越多，自由酒精数越少，白酒刺激性气味越小，酒精与水分子之间的缔合度与以下因素有关。

（1）白酒的酒度

实践证明，53.94mL 无水酒精与 49.83mL 纯水混合时两者缔合度最大，酒精分子的自由度最小，酒的柔和度最强，因此，名优白酒的酒度为53~55度，此范围内酒的口味比较绵柔。

（2）白酒的贮存期

白酒的贮存期越长，缔合的酒精和水的分子数越多，酒精分子受到束缚，自由酒精分子数越少，酒越柔和。

（二）化学变化

1. 氧化还原反应

白酒中存在大量的可氧化或可还原的成分，在贮存过程中进行着一系列的氧化还原反应，如醇可以氧化成相应的醛或酸，使白酒中醇的含量下降，而醛、酸的含量增加。

2. 酯化反应

白酒贮存过程中，各种醇与酸酯化成相应的酯，使总酯含量增加。新酒带入的一部分有机酸和贮存过程中生成的一部分酸与醇发生酯化反应生成各种酯，赋予白酒喷香、醇甜、后味绵长的特点。酯化反应与氧化还原反应相比，前者进行的过程更为缓慢，白酒含酸量越多，酯化反应越易进行。

3. 缩合反应

醛与醇缩合成相应的缩醛，可减轻白酒的辛辣味。

二、白酒的贮存时间与人工老熟

（一）贮存时间

白酒生产中要酿造出醇香、协调、绵软的优质产品，都会在生产工艺上规定一定的贮存期。贮存期要适当，不可过长，否则，会使酒的香气成分损失增大，酒的口味变得淡薄，致使酒质降低。不同种类、不同香型、不同等级的新酒，贮存期不同。蒸馏酒的贮存期由以下几个方面决定。

1. 新酒的质量和产品的标准

同一甑酒醅蒸出的酒，因馏分不同，其贮存期也应不同，用作勾兑的酒头酒贮存期通常要比中馏酒长得多。

同一酒厂的同一产品的贮存期，也因销售渠道（内销、外销）或等级不同而异。国家规定，名白酒的贮存期为3年，优质白酒为1年，一级白酒为10天。应在保证产品的感官和理化指标的前提下，确定适当的贮存期。

2. 白酒的香型

通常茅香型名优白酒的贮存期为3年，泸香型白酒为1年，汾香型白酒为1年以上。以酯香为主体香的白酒，其贮存期不宜过长，否则会使香气减弱、口味平淡、酒度也降低。

3. 贮存条件

决定酒品质的贮存工艺有三大要素，即时间、容器及环境。白酒的贮存期不能单纯以时间为准，还要考虑贮藏容器的材质、酒库温度、湿度、通风情况、光线等因素。

（1）贮酒容器

贮酒容器应无毒、投资少、酒损低，不能与酒起反应，酒在贮存中不变质。

① 陶瓷容器　属于传统容器，可用于贮酒和盛酒，广口者称为缸，小口者称为坛。陶瓷容器具有保温、绝缘、防磁、热膨胀系数小、抗化学腐蚀等特点，但陶瓷容器的强度及防

震力较弱，容易破损，同时由于陶土粗细不完全一致，酒长期存放就会出现微弱渗漏的现象，俗称"冒汗"，因此，一般使用陶瓷容器的酒损较大，但从酒质在贮存过程中老熟的程度和效果来看，陶瓷容器较其他容器为好，名优白酒多采用此容器贮酒。

② 血料容器　血料容器是指在木箱、竹篓内糊上猪血料纸（用猪血和石灰制成的一种蛋白质胶体薄膜）制成的贮酒容器。血料容器材料来源丰富、便宜，贮酒酒质也尚满意，但容器每隔2~3年就要重新修补一次，容器不能制作得很大，酒的损耗也较大，现在基本淘汰。

③ 金属容器　多数金属易被白酒中的有机酸腐蚀，或易于氧化，或生成盐类。铝罐轻便，但易被酸腐蚀，产生浑浊或沉淀；碳钢容器贮酒会产生黄色或铁腥味；不锈钢容器耐腐蚀、不氧化，对酒质无不良影响，但造价高，可用于高档酒的贮存。

④ 塑料容器　采用无毒塑料制成，造价低，运输方便，久贮会给酒带来异味。

⑤ 水泥池　采用钢筋和水泥制成，容器内壁都贴上瓷砖、玻璃，或使用涂料（涂料常用环氧树脂）。普通白酒的贮存多用此种容器。

(2) 贮酒环境

白酒应选择较为干燥、清洁、光亮和通风较好的地方贮存，相对环境湿度在70%左右为宜，湿度较高容器易霉烂，白酒贮存的环境温度以20℃为宜，不宜超过30℃，严禁烟火靠近。容器封口要严密，防止漏酒和"跑度"。瓶装白酒采用茶色瓶的包装具有保护作用，不宜让强光直接照射，若贮存在陶瓷瓶中，基本上不会产生反生作用。

(二) 人工老熟

白酒老熟中发生的物理及化学变化都是比较缓慢的，白酒的老熟所需时间较长，使得白酒贮存要占有大量库房、容器。要生产名优酒将耗费大量资金筹建厂房、购置容器，为了加快老熟过程中物理、化学变化速度，缩短白酒的生产周期，降低生产成本，酒厂通常采用人工的方法促进白酒的老熟，称为人工老熟。人工老熟有化学方法、物理方法和综合处理法。

1. 化学方法

用氧气对白酒进行氧化处理，促进酒体氧化作用，以达到人工老熟的目的。如氧气直接通入酒内密闭一周，促进氧化。

2. 物理方法

利用一些物理因素，如光、声、磁等，对白酒进行人工催陈。常用的方法如下。

(1) 红外线法

用红外线对白酒进行处理，使酒温升高，一方面可促使硫化氢、硫醇、醛类等气味的挥发，另一方面当入射在白酒中的红外线辐射频率与乙醇分子、水分子的振动频率一致时，就会发生共振吸收，使乙醇分子和水分子强烈地振动和转动，从而增大乙醇分子和水分子的缔合率，使稳定的缔合群体越来越多。同时，由于温度升高，氧化还原作用、酯化作用增强，白酒中的醇、醛、酯等成分达到平衡的时间将缩短。

(2) 磁化法

磁化老熟法就是利用强磁场的作用，使酒内的极性分子如醇、醛、酸、水等的极性键能减弱，并使分子定向排列，使各种反应易于进行，同时，使乙醇与水的缔合群组合得更加稳定，酒体更加醇和，达到缩短白酒老熟时间的目的。

(3) 超声波处理法

白酒在超声波的高频振荡下，由于声波的机械作用，强有力地增加了各种化学反应的几率，促进了氧化、酯化、还原等反应的进行，从而达到人工老熟的目的。

采用单一的白酒人工老熟方法效果不明显，将几种物理处理方法或化学处理方法进行有机结合对白酒进行综合处理，如超声波、热处理、磁场综合处理；磁、光、膜组合综合处理、磁、红外、氧化、过滤组合综合处理，效果较好。

第二节 白酒的勾兑调味

生香靠发酵，提香靠蒸馏，成型靠勾兑。白酒的勾兑调味就是把贮酒后的合格酒进行兑加、掺和成为基本符合本厂产品质量要求的基础酒的过程。基础酒的标准是香气正，形成酒体，初具风格，基础酒经调味即得到标准酒。

一、勾兑调味的作用及基本原理

1. 勾兑调味的作用

白酒生产过程中，由于生产周期长，受各种客观因素的影响，不同季节、不同班组、不同窖池蒸馏出的白酒，其香味和特点各不相同，质量参差不齐，因此白酒必须经过精心勾兑调味，才能得到与本厂标准酒相似的香气、口味和风格特点，保证成品酒的质量稳定和一致。

2. 勾兑调味的基本原理

白酒的勾兑调味包括基础酒的组合和调味两个过程。白酒的主要成分是醇类物质，同时还有醛、酸、酯等微量成分，他们之间的量比关系直接决定着酒的风格。勾兑主要是将酒中的各种微量成分以不同的比例兑加在一起，使其分子重新排布和缔合，进行协调平衡，烘托出基础酒的香气、口味和风格特点，勾兑好的酒称为基础酒。调味，就是对勾兑后的基础酒进行精加工，是用具有特殊风味的极少量的调味酒调味，弥补基础酒在香气和口味上的欠缺，使其幽雅细腻，完全符合成品酒质量要求。勾兑是调味的基础，可以把勾兑比喻为"画龙"，即粗调，把调味比喻为"点睛"，即微调，调味起到锦上添花的作用。

二、勾兑调味用酒

勾兑调味用酒包括原酒、基础酒和调味酒三种。

1. 原酒

原酒是指蒸馏过程中通过量质分段摘取并分级贮存在仓库里的原汁原味酒（包括特殊香味或味杂的酒）。

2. 基础酒

基础酒是指勾兑好的酒。质量上要基本达到同等级酒的水平，一般不具有典型特点，基础酒应是香气及口味正，比较协调，形成基本风格的酒体。勾兑时各种酒的配比关系如下。

（1）各种糟酒之间的配比

各种糟醅酒有各自的特点，如粮糟酒甜味重，香味淡，红糟酒香味较好但不长，醇甜差，酒味燥辣。将它们按一定比例混合，可使风味全面，风格典型，达到勾兑的目的。如泸州特曲酒勾兑的比例是：双轮底酒约10％，粮糟酒65％，红糟酒20％，丢糟酒5％。

（2）老酒与一般酒的配比

贮存期满的一般酒，香味较浓，但口味燥辣，因此在勾兑时要加入一定量贮存期为5～10年的老酒，老酒香味欠浓，但醇甜清爽，有良好的陈味，两者可协调平衡。如泸州特曲酒勾兑时，新酒与老酒的比例为8∶2。

（3）新窖酒与老窖酒的配比

新窖酒口味寡淡且短，老窖酒则香浓味正，若以老窖酒为基础，应加入20％新窖酒，既可提高质量，又可稳定产品质量。

（4）不同季节酒的配比

不同季节的入窖品温及发酵条件均不同，所产酒的质量有差异。如泸州酒厂夏季与其他季节酒的勾兑比例为1∶3。

（5）不同发酵期所产酒的配比

发酵期长，所产的酒香浓而醇厚，但闻香差；发酵期短的酒，挥发性香味成分多，闻香好。勾兑时，若在发酵期长的酒中加入5％～10％发酵期短的酒，可提高成品酒的香气和喷头。

3. 调味酒

调味酒是在香气和口味上表现为特香、特暴辣、特甜、特浓、特醇、特怪的特殊酒，常见的调味酒如下。

（1）陈年调味酒

该酒也称香料酒，是通过延长发酵周期，以增强氧化还原作用，促进酯化反应而生产的酒，这类陈酿酒具有良好的糟香味和浓而长的后味以及明显的陈酿味，酸和酯的含量特别高，香味突出，典型性强。用量较少。

（2）老酒调味酒

该酒指贮存期为3年以上的酒，可使新酒有老酒味。酒体绵软、柔和，可增加酒的醇厚感。

（3）酒头调味酒

酒头中含有大量的挥发酯以及低沸点的甲醇、醛、酚类物质，刚蒸出时既香又怪，酒头经贮存后，一部分甲醇及醛类挥发掉。酒头调味酒可提高基础酒的前香。

（4）酒尾调味酒

酒尾中含有较多的高沸点香味物质，如酸、酯、高级脂肪酸等，酒尾的香味怪而独特，用作调味酒可以增加基础酒的后味，使成品酒浓厚且回味长。

（5）典型酒

该酒具有特殊成分如特甜、特酸的酒，用量极微，起到画龙点睛的作用，可以补充和突出风格。

三、勾兑调味方法

1. 勾兑方法

将经过贮存后的合格酒分成香、醇、爽和风格四种类型，再把这四种类型酒分为三组，分别为大宗酒、带酒和搭酒。大宗酒指一般酒，无独特之处，但香、醇、爽、风格兼而有之，比例约80％。带酒主要为双轮底酒和老酒，具有某种独特的香味，其比例约占15％。

搭酒香气稍不正，味稍杂，其比例约占5%。

勾兑分两步进行，即小样勾兑和正式勾兑。

(1) 小样勾兑

以大宗酒为基础，先以1%的比例逐渐添加搭酒，边加边尝直到满意；再根据酒质情况以3%～5%的比例添加不同香味的带酒，边加边尝直到符合基础酒标准。在保证酒质的前提下，应尽量少用带酒，多用搭酒。勾兑所得小样，加浆调整酒度，再品尝，认为合格后进行理化检验。

(2) 正式勾兑

将小样勾兑确定的大宗酒用酒泵打入勾兑罐内（5～10t的铝罐或不锈钢罐），搅匀后取样品尝，再取出部分样品按小样勾兑的比例分别加入搭酒和带酒混匀后再品尝，若变化不大，即可按小样勾兑比例，将带酒和搭酒泵入勾兑罐，加浆至所需酒度搅匀得基础酒。

低度酒的勾兑方法有两种，一种是先将选择好的酒基单独降度、净化澄清后，再按一定比例将其勾兑；另一种是将选择好的酒基，按照高度酒的勾兑方法勾兑好后加浆降度，调味后再澄清处理。

2. 调味方法

调味时，首先要了解基础酒的质量情况和调味酒的性能，选择符合需要的调味酒。调味分两步进行，即先进行小样调味，再进行生产性的正式调味。调味酒的用量一般从万分之一开始添加，不超过千分之一，如果添加量超过千分之一仍无效果或出现新的缺陷，说明调味酒选择不当，应重新选择。调味方法有以下几种。

(1) 分别加入法

在基础酒中分别加入各种调味酒，分别进行优选，得出最佳调味酒及其用量。

(2) 同时加入法

针对基础酒的缺点和不足先选定几种调味酒，各以万分之一的量调加到同一杯基础酒中进行优选，并根据尝评情况增加或减少不同种类和数量的调味酒，直到符合产品质量的标准。

(3) 综合调味酒加入法

针对基础酒的缺点并结合调味者的经验，选取不同香味及数量的调味酒，混匀成相应的调味酒，逐杯进行调味，筛选出最优者。

酒的勾兑和调味都需要有精细的尝酒水平，尝评技术是勾兑和调味的基础。尝评水平差，必然影响勾兑、调味效果。为尽可能保证准确无误，对勾兑、调味后的酒，还可采取集体尝评的方法，以减少误差。

四、勾兑调味人员的基本要求

一个真正称职的专职勾兑调味员，应该具备以下几个条件。

1. 良好的生理素质和心理素质

勾兑调味工作是一门技术，勾兑调味人员要有敏锐的视觉、嗅觉和味觉，能找出不同酒之间的细微差异，具有较高的评酒能力；勾兑调味人员在工作时必须耐心、细心、专心，做到眼到、鼻到、口到、手到、心到，要详细做好记录与体会，不断学习与总结经验；因为勾兑调味工作必须由多人进行，所以每个人都要有很强的责任心、开拓精神，要善于与他人合作。

2. 具有多方面的知识与能力

勾兑调味人员不仅要品评和操作技术过硬，而且要有一定的理论知识，要知其然，并知其所以然；要弄清本厂产品生产的原料、工艺原理、操作等与成品酒的成分及质量之间的关系；通过勾兑与调味，经常提出生产工艺及设备的改进建议；应尽可能多地了解和掌握国内外蒸馏酒的风味特点和生产知识，以便根据消费者消费习惯的变化，实时提出开发新产品的方案。

3. 努力搞好基础工作

勾兑调味人员要了解原酒的库存情况，不仅要对本厂产品的历史与现状了如指掌，还应建立文字档案及保存不同时期的酒样。

第三节 白酒理化指标检测

一、酒精度

1. 密度瓶法

（1）原理

以蒸馏法去除样品中的不挥发性物质，用密度瓶法测出试样（酒精水溶液）20℃时的密度，查表 4-1（相对密度与乙醇浓度对照表），求得在 20℃时乙醇含量的体积分数，即为酒精度。

（2）仪器

① 全玻璃蒸馏器：500mL。

② 恒温水浴：控温精度±0.1℃。

③ 附温度计密度瓶：25mL 或 50mL。

（3）操作步骤

① 试样液的制备　用一洁净、干燥的 100mL 容量瓶，准确量取样品（液温 20℃）100mL 于 500mL 蒸馏瓶中，用 50mL 水分三次冲洗容量瓶，洗液并入蒸馏瓶中，加几颗沸石（或玻璃珠），连接蛇形冷凝管，以取样用的原容量瓶作接收器（外加冰浴），开启冷却水（冷却水温度宜低于 15℃），缓慢加热蒸馏（沸腾后蒸馏时间应控在 30~40min 内完成），收集馏出液，当接近刻度时，取下容量瓶，盖塞，于 20℃水浴中保温 30min，再补加水至刻度，混匀，备用。

② 将密度瓶洗净，反复烘干、称量，直至恒重（m）　取下带温度计的瓶塞，将煮沸冷却至 15℃的水注满已恒重的密度瓶中，插上带温度计的瓶塞（瓶中不得有气泡），立即浸入（20±0.1）℃的恒温水浴中，待内容物温度达到 20℃并保持 20min 不变后，用滤纸快速吸去溢出侧管的液体，立即盖好侧支上的小罩，取出密度瓶，用滤纸擦干瓶外壁上的水液，立即称量（m_1）。

将水倒出，先用无水乙醇，再用乙醚冲洗密度瓶，吹干（或于烘箱中烘干），用试样液反复冲洗密度瓶 3~5 次，然后装满。重复上述操作，称量（m_2）。

（4）结果计算

试样液（20℃）的相对密度按下式计算：

$$d_{20}^{20} = \frac{m_2 - m}{m_1 - m}$$

式中，d_{20}^{20} 为样品蒸馏液在 20℃时的相对密度；m 为密度瓶的质量，g；m_1 为密度瓶和水的质量，g；m_2 为密度瓶和试样液的质量，g。

根据计算出的相对密度 d_{20}^{20}，查表 4-1，求得 20℃时样品的酒精度，所得结果至少表示至一位小数。

表 4-1 相对密度与乙醇质量分数对照表

相对密度	w/%	相对密度	w/%	相对密度	w/%	相对密度	w/%	相对密度	w/%
0.9999	0.055	0.9969	1.675	0.9939	3.375	0.9909	5.190	0.9879	7.115
8	0.110	8	1.730	8	3.435	8	5.255	8	7.180
7	0.165	7	1.785	7	3.490	7	5.315	7	7.250
6	0.220	6	1.840	6	3.550	6	5.375	6	7.310
5	0.270	5	1.890	5	3.610	5	5.445	5	7.380
4	0.325	4	1.950	4	3.670	4	5.510	4	7.445
3	0.380	3	2.005	3	3.730	3	5.570	3	7.510
2	0.435	2	2.060	2	3.785	2	5.635	2	7.580
1	0.485	1	2.120	1	3.845	1	5.700	1	7.650
0	0.540	0	2.170	0	3.905	0	5.760	0	7.710
0.9989	0.590	0.9959	2.225	0.9929	3.965	0.9899	5.820	0.9869	7.780
8	0.645	8	2.280	8	4.030	8	5.890	8	7.850
7	0.700	7	2.335	7	4.090	7	5.950	7	7.915
6	0.750	6	2.390	6	4.150	6	6.015	6	7.980
5	0.805	5	2.450	5	4.215	5	6.080	5	
4	0.855	4	2.505	4	4.275	4	6.150	4	
3	0.910	3	2.560	3	4.335	3	6.205	3	
2	0.965	2	2.620	2	4.400	2	6.270	2	
1	1.015	1	2.675	1	4.460	1	6.330	1	
0	1.070	0	2.730	0	4.520	0	6.395	0	
0.9979	1.125	0.9949	2.790	0.9919	4.580	0.9889	6.455		
8	1.180	8	2.850	8	4.640	8	6.520		
7	1.235	7	2.910	7	4.700	7	6.580		
6	1.285	6	2.970	6	4.760	6	6.645		
5	1.345	5	3.030	5	4.825	5	6.710		
4	1.400	4	3.090	4	4.885	4	6.780		
3	1.455	3	3.150	3	4.945	3	6.840		
2	1.510	2	3.205	2	5.005	2	6.910		
1	1.565	1	3.265	1	5.070	1	6.980		
0	1.620	0	3.320	0	5.130	0	7.050		

注：表中相对密度测定条件为 20℃，w 为 100g 成品啤酒中含有酒精的质量（g）。

(5) 精确度

在重复条件下获得的两次独立的测定结果的绝对差值，不应超过平均值的 0.5%。

2. 酒精计法

(1) 原理

用精密酒精计读取酒精体积分数表示值，按表 4-2（酒精度与温度对照表）进行温度校正，求得在 20℃时乙醇含量的体积分数，即为酒精度。

表 4-2　酒精度与温度对照表

溶液温度/℃	酒精计示值													
	0	2.0	4.0	6.0	8.0	10.0	12.0	14.0	16.0	18.0	20.0	22.0	24.0	26.0
	温度 20℃时酒精浓度（体积分数）/%													
10	0.8	2.9	5.0	7.1	9.3	11.4	13.7	16.0	18.4	20.8	23.1	25.4	27.7	29.9
11	0.8	2.8	4.9	7.0	9.2	11.3	13.6	15.8	18.2	20.5	22.8	25.0	27.3	29.5
12	0.7	2.8	4.8	6.9	9.1	11.2	13.4	15.7	18.0	20.2	22.5	24.7	26.9	29.1
13	0.7	2.7	4.8	6.8	9.0	11.1	13.2	15.5	17.7	20.0	22.2	24.4	26.5	28.7
14	0.6	2.6	4.7	6.7	8.9	11.0	13.1	15.3	17.5	19.7	21.8	24.0	26.2	28.3
15	0.5	2.5	4.6	6.6	8.7	10.8	12.9	15.1	17.2	19.4	21.6	23.8	25.8	27.9
16	0.4	2.4	4.5	6.5	8.6	10.7	12.8	14.9	17.0	19.2	21.2	23.3	25.4	27.5
17	0.3	2.3	4.4	6.4	8.5	10.5	12.6	14.7	16.7	18.9	20.9	23.0	25.1	27.1
18	0.2	2.2	4.2	6.3	8.3	10.4	12.4	14.4	16.5	18.5	20.6	22.6	24.7	26.7
19	0.1	2.1	4.1	6.1	8.2	10.2	12.2	14.2	16.3	18.3	20.3	22.3	24.4	26.4
20	0.0	2.0	4.0	6.0	8.0	10.0	12.0	14.0	16.0	18.0	20.0	22.0	24.0	26.0
21		1.9	3.9	5.8	7.8	9.8	11.8	13.8	15.7	17.7	19.7	21.7	23.6	25.9
22		1.7	3.7	5.7	7.7	9.6	11.6	13.6	15.5	17.4	19.4	21.3	23.3	25.3
23		1.6	3.6	5.5	7.5	9.4	11.4	13.3	15.2	17.1	19.0	21.0	22.9	24.9
24		1.4	3.4	5.4	7.3	9.2	11.2	13.1	15.0	16.9	18.7	20.7	22.6	24.5
25		1.3	3.2	5.2	7.1	9.0	10.9	12.8	14.7	16.6	18.4	20.3	22.2	24.1
26		1.1	3.1	5.0	6.9	8.8	10.7	12.6	14.4	16.3	18.1	20.0	21.9	23.8
27		1.0	2.9	4.8	6.7	8.6	10.5	12.3	14.2	16.0	17.8	19.6	21.5	23.4
28		0.8	2.7	4.6	6.5	8.4	10.3	12.1	13.9	15.7	17.5	19.3	21.2	23.0
29		0.6	2.5	4.4	6.3	8.2	10.0	11.8	13.6	15.4	17.2	19.0	20.8	22.7
30		0.4	2.4	4.2	6.1	7.9	9.8	11.6	13.4	15.1	16.9	18.6	20.5	22.3
31		0.2	2.2	4.0	5.9	7.7	9.6	11.4	13.1	14.8	16.5	18.3	20.2	21.9
32		0.1	2.1	3.8	5.7	7.5	9.3	11.1	12.9	14.5	16.2	17.9	19.8	21.6
33		0.0	1.9	3.7	5.5	7.3	9.1	10.9	12.6	14.2	15.8	17.6	19.4	21.2
34			1.8	3.5	5.3	7.1	8.9	10.6	12.4	13.9	15.5	17.2	19.1	20.8
35			1.6	3.3	5.2	6.8	8.7	10.4	12.1	13.6	15.2	16.9	18.8	20.4

续表

溶液温度/℃	酒精计示值												
	28.0	30.0	32.0	34.0	36.0	38.0	40.0	42.0	44.0	46.0	48.0	50.0	52.0	54.0
	温度20℃时酒精浓度（体积分数）/%												
10	32.0	34.1	36.1	38.1	40.1	42.0	44.0	46.0	47.9	49.8	51.8	53.7	55.7	57.6
11	31.6	33.7	35.7	37.7	39.6	41.6	43.6	45.6	47.5	49.5	51.4	53.4	55.3	57.2
12	31.2	33.3	35.3	37.3	39.2	41.2	43.2	45.2	47.1	49.1	51.0	53.0	55.0	56.9
13	30.8	32.8	34.9	36.8	38.8	40.8	42.8	44.8	46.7	48.7	50.7	52.6	54.6	56.5
14	30.4	32.4	34.4	36.4	38.4	40.4	42.4	44.4	46.4	48.3	50.3	52.2	54.2	56.2
15	30.0	32.0	34.0	36.0	38.0	40.0	42.0	44.0	46.0	47.9	49.9	51.9	53.9	55.8
16	29.6	31.6	33.6	35.6	37.6	39.6	41.6	43.6	45.6	47.6	49.5	51.5	53.5	55.5
17	29.2	31.2	33.2	35.2	37.2	39.2	41.2	43.2	45.2	47.2	49.2	51.1	53.1	55.1
18	28.8	30.8	32.8	34.8	36.8	38.8	40.8	42.8	44.8	46.8	48.8	50.7	52.7	54.7
19	28.4	30.4	32.4	34.4	36.4	38.4	40.4	42.2	44.4	46.4	48.4	50.4	52.4	54.4
20	28.0	30.0	32.0	34.0	36.0	38.0	40.0	42.0	44.0	46.0	48.0	50.0	52.0	54.0
21	22.6	29.6	31.6	33.6	35.6	37.6	39.6	41.6	43.6	45.6	47.6	49.6	51.6	53.6
22	27.2	29.2	31.2	33.2	35.2	37.2	39.2	41.2	43.2	45.2	47.2	49.2	51.2	53.3
23	26.8	28.8	30.8	32.8	34.8	36.8	38.8	40.8	42.8	44.8	46.8	48.9	50.9	52.9
24	26.4	28.4	30.6	32.4	34.4	36.4	38.4	40.4	42.4	44.4	46.4	48.5	50.5	52.5
25	26.1	28.0	30.0	32.0	34.0	36.0	38.0	40.0	42.0	44.1	46.1	48.1	50.1	52.2
26	25.7	27.6	29.6	31.6	33.6	35.6	37.6	39.6	41.6	43.7	45.7	47.7	49.7	51.8
27	25.3	27.2	29.2	31.2	33.2	35.2	37.2	39.2	41.2	43.3	45.3	47.3	49.4	51.4
28	24.9	26.8	28.8	30.7	32.8	34.8	36.8	38.8	40.8	42.9	44.9	47.0	49.0	51.0
29	24.6	26.4	28.4	30.3	32.3	34.4	36.4	38.4	40.4	42.5	44.5	46.6	48.6	50.7
30	24.2	26.1	28.0	29.9	32.0	34.0	36.0	38.0	40.1	42.1	44.2	46.2	48.2	50.3
31	23.8	25.7	27.5	29.5	31.6	33.6	35.6	37.6	39.7	41.7	43.8	45.8	47.8	49.9
32	23.4	25.3	27.2	29.1	31.2	33.2	35.2	37.2	39.3	41.3	43.4	45.4	47.4	49.6
33	23.1	24.9	26.8	28.7	30.8	32.8	34.8	36.8	38.9	40.9	43.1	45.0	47.1	49.2
34	22.7	24.5	26.4	28.3	30.4	32.4	34.4	36.4	38.5	40.5	42.7	44.7	46.7	48.8
35	22.3	24.2	26.0	28.0	30.0	32.0	34.0	36.0	38.1	40.2	42.2	44.3	46.3	48.5

溶液温度/℃	酒精计示值												
	56.0	58.0	60.0	62.0	64.0	66.0	68.0	70.0	72.0	74.0	78.0	80.0	90.0	100.0
	温度20℃时酒精浓度（体积分数）/%												
10	59.6	61.5	63.5	65.4	67.4	69.3	71.3	73.2	75.2	77.1	81.0	83.0	92.4	
11	59.2	61.2	63.1	65.1	67.0	69.0	71.0	72.9	74.9	76.8	80.7	82.7	92.2	
12	58.9	60.8	62.8	64.7	66.7	68.7	70.6	72.6	74.5	76.5	80.4	82.4	92.0	
13	58.5	60.5	62.4	64.4	66.4	68.3	70.3	72.3	74.2	76.2	80.1	82.1	91.7	

续表

溶液温度/℃	酒精计示值												
	56.0	58.0	60.0	62.0	64.0	66.0	68.0	70.0	72.0	74.0	78.0	80.0	90.0	100.0
	温度20℃时酒精浓度（体积分数）/%												
14	58.2	60.1	62.1	64.1	66.0	68.0	70.0	72.0	73.9	75.9	79.8	81.8	91.5	
15	57.8	59.8	61.7	63.7	65.7	67.7	69.6	71.6	73.6	75.6	79.5	81.5	91.3	
16	57.4	59.4	61.4	63.4	65.4	67.3	69.3	71.3	73.3	75.3	79.2	81.2	91.0	
17	57.1	59.1	61.0	63.0	65.0	67.0	69.0	71.0	73.0	74.9	78.9	80.7	90.8	
18	56.7	58.7	60.7	62.7	64.7	66.7	68.7	70.6	72.6	74.6	78.6	80.6	90.5	
19	56.4	58.4	60.4	62.4	64.3	66.3	68.3	70.3	72.3	74.3	78.3	80.3	90.3	
20	56.0	58.0	60.0	62.0	64.0	66.0	68.0	70.0	72.0	74.0	78.0	80.0	90.0	100.0
21	55.6	57.6	59.6	61.6	63.6	65.7	67.7	69.7	71.7	73.7	77.7	79.9	89.7	99.8
22	55.3	57.3	59.3	61.3	63.3	65.3	67.3	69.3	71.4	73.4	77.4	79.4	89.5	99.7
23	54.9	56.9	58.9	61.0	63.0	65.0	67.0	69.0	71.0	73.0	77.1	79.1	89.2	99.5
24	54.5	56.6	58.6	60.6	62.6	64.6	66.6	68.7	70.7	72.7	76.8	78.8	89.0	99.3
25	54.2	56.2	58.2	60.3	62.3	64.3	66.3	68.4	70.4	72.4	76.4	78.5	88.7	99.2
26	53.8	55.8	57.9	59.9	61.9	64.0	66.0	68.0	70.0	72.1	76.1	78.2	88.4	99.0
27	53.4	55.5	57.5	59.6	61.6	63.6	65.7	67.7	69.7	71.8	75.8	77.9	88.1	98.8
28	53.1	55.1	57.2	59.2	61.2	63.3	65.3	67.4	69.4	71.4	75.5	77.6	87.9	98.6
29	52.7	54.8	56.8	58.9	60.9	62.9	65.0	67.0	69.1	71.1	75.2	77.2	87.6	98.4
30	52.3	54.4	56.4	58.5	60.6	62.6	64.6	66.7	68.7	70.8	74.9	76.9	87.3	98.3
31	51.9	54.0	56.0	58.1	60.3	62.3	64.3	66.4	68.4	70.5	47.6	76.6	87.0	98.1
32	51.6	53.7	55.7	57.8	59.9	61.9	63.9	66.0	68.0	70.1	74.2	76.3	86.7	98.0
33	51.2	53.3	55.3	57.4	59.6	61.6	63.6	65.7	67.7	69.8	73.9	76.0	86.5	97.8
34	50.8	53.0	55.0	57.0	59.2	61.2	63.2	65.3	67.4	69.5	73.6	75.7	86.2	97.6
35	50.5	52.6	54.6	56.7	58.9	60.9	63.0	65.0	67.0	69.1	73.2	75.4	85.9	97.4

（2）仪器

精密酒精计：分度值为0.1%（体积分数）。

（3）操作步骤

① 试样液的制备　用一洁净、干燥的100mL容量瓶，准确量取样品（液温20℃）100mL于500mL蒸馏瓶中，用50mL水分三次冲洗容量瓶，洗液并入蒸馏瓶中，加几颗沸石（或玻璃珠），连接蛇形冷凝管，以取样用的原容量瓶作接收器（外加冰浴），开启冷却水（冷却水温度宜低于15℃），缓慢加热蒸馏（沸腾后蒸馏时间应控在30～40min内完成），收集馏出液，当接近刻度时，取下容量瓶，盖塞，于20℃水浴中保温30min，再补加水至刻度，混匀，备用。

② 将试样液注入洁净、干燥的100mL量筒中，静置数分钟，待酒中气泡消失后，放入洁净、擦干的酒精计，再轻轻按一下，不应接触量筒壁，同时插入温度计，平衡约5min，

水平观测，读取与弯月面相切的刻度表示值，同时记录温度。根据测得的酒精计示值和温度，查附表 5-2，换算成 20℃时样品的酒精度。

所得结果应表示至一位小数。

(4) 精密度

在重复条件下获得的两次独立测定结果的绝对差值，不应超过平均值 0.5%

二、总酸

1. 指示剂法

(1) 原理

白酒中的有机酸，以酚酞为指示剂，采用氢氧化钠溶液进行中和滴定，以消耗氢氧化钠标准滴定溶液的量计算总酸的含量。

(2) 试剂和溶液

① 酚酞指示剂 (10g/L)：按 GB/T 603 配制。

② 氢氧化钠标准滴定溶液 $[c(NaOH)=0.1mol/L]$：按 GB/T 601 配制与标定。

(3) 操作步骤

吸取样品 50.0mL 于 250mL 锥形瓶中，加入酚酞指示剂 2 滴，以氢氧化钠标准滴定溶液滴定至微红色，即为其终点。

(4) 结果计算

样品中的总酸含量按下式计算：

$$X = \frac{c \times V \times 60}{50.0}$$

式中，X 为样品中总酸的质量浓度（以乙酸计），g/L；c 为氢氧化钠标准滴定溶液的实际浓度，mol/L；V 为测定时消耗氢氧化钠标准滴定溶液的体积，mL；60 为乙酸的摩尔质量，g/mol；50.0 为吸取样品的体积，mL。

所得结果应表示至两位小数。

(5) 精密度

在重复性条件下获得的两次独立测定结果的绝对差值，不应超过平均值的 2%。

2. 电位滴定法

(1) 原理

白酒中的有机酸，以酚酞为指示剂，采用氢氧化钠溶液进行中和滴定，当滴定接近等当点时，利用 pH 变化指示终点。

(2) 试剂和溶液

氢氧化钠标准滴定溶液 $[c(NaOH)=0.1mol/L]$：按 GB/T 601 配制与标定。

(3) 仪器

电位滴定仪（或酸度计）：精度为 2mV。

(4) 操作步骤

按使用说明书安装仪器，根据液温进行校正定位。

吸取样品 50.0mL（若用复合电极可酌情增加取样量）于 100mL 烧杯中，插入电极，放入一枚转子，置于电磁搅拌器上，开始搅拌，初始阶段可快速滴加氢氧化钠标准滴定溶液，当样液 pH=8.00 后，放慢滴定速度，每次滴加半滴溶液，直至 pH=9.00 为其终点，记录消耗氢氧化钠标准滴定溶液的体积。

（5）结果计算

$$X = \frac{c \times V \times 60}{50.0}$$

式中，X 为样品中总酸的质量浓度（以乙酸计），g/L；c 为氢氧化钠标准滴定溶液的实际浓度，mol/L；V 为测定时消耗氢氧化钠标准滴定溶液的体积，mL；60 为乙酸的摩尔质量，g/mol；50.0 为吸取样品的体积，mL。

所得结果应表示至两位小数。

（6）精密度

在重复性条件下获得的两次独立测定结果的绝对差值，不应超过平均值的 2%。

三、总酯

1. 指示剂法

（1）原理

用碱中和样品中的游离酸，再准确加入一定量的碱，加热回流使酯类皂化，通过消耗碱的量计算出总酯的含量。

（2）仪器

① 全玻璃蒸馏器：500mL；

② 全玻璃回流装置：回流瓶 1000mL、250mL（冷凝管不短于 45cm）；

③ 碱式滴定管：25mL 或 50mL；

④ 酸式滴定管：25mL 或 50mL。

（3）试剂和溶液

① 氢氧化钠标准滴定溶液[c(NaOH)=0.1mol/L]：按 GB/T 601 配制与标定；

② 硫酸标准滴定溶液[c(1/2H$_2$SO$_4$)=0.1mol/L]：按 GB/T 601 配制与标定；

③ 乙醇（无酯）溶液[40%（体积分数）]：量取 95% 乙醇 600mL 于 1000mL 回流瓶中，加氢氧化钠标准滴定溶液 5mL，加热回流皂化 1h，然后移入蒸馏器中重蒸，再配成 40%（体积分数）乙醇溶液；

④ 酚酞指示剂（10g/L）：按 GB/T 603 配制。

（4）操作步骤

吸取样品 50.0mL 于 250mL 回流瓶中，加 2 滴酚酞指示剂，以氢氧化钠标准滴定溶液滴定至粉红色（切勿过量），记录消耗氢氧化钠标准滴定溶液的毫升数（也可作为总酸含量计算）。再准确加入氢氧化钠标准滴定溶液 25.0mL（若样品总酯含量高时，可加入 50.0mL），摇匀，放入几颗沸石或玻璃珠，装上冷凝管（冷却水温度宜低于 15℃），于沸水浴上回流 30min，取下，冷却。然后，用硫酸标准滴定溶液进行滴定，使微红色刚好完全消失为其终点，记录消耗硫酸标准滴定溶液的体积。同时吸取乙醇（无酯）溶液 50.0mL，按上述方法同样操作做空白试验，记录消耗硫酸标准滴定溶液的体积。

（5）结果计算

样品中的总酯含量按下式计算：

$$X = \frac{c \times (V_0 - V_1) \times 88}{50.0}$$

式中，X 为样品中总酯的质量浓度（以乙酸乙酯计），g/L；c 为硫酸标准滴定溶液的实际浓度，mol/L；V_0 为空白试验样品消耗硫酸标准滴定溶液的体积，mL；V_1 为样品消耗硫酸标准滴定溶液体积，mL；88 为乙酸乙酯的摩尔质量，g/mol；50.0 为吸取样品的体积，mL。

所得结果应表示至两位小数。

（6）精密度

在重复性条件下获得的两次独立测定结果的绝对差值，不应超过平均值2%。

2. 电位滴定法

（1）原理

用碱中和样品中的游离酸，再加入一定量的碱，回流皂化。用硫酸溶液进行中和滴定，当滴定接近等当点时，利用pH变化指示剂终点。

（2）仪器

① 全玻璃蒸馏器：500mL；

② 全玻璃回流装置：回流瓶1000mL、250mL（冷凝管不短于45cm）；

③ 碱式滴定管：25mL或50mL；

④ 酸式滴定管：25mL或50mL；

⑤ 电位滴定仪（或酸度计）：精度为2mV。

（3）试剂和溶液

① 氢氧化钠标准滴定溶液[$c(\text{NaOH})=0.1\text{mol/L}$]：按GB/T 601配制与标定；

② 硫酸标准滴定溶液$\left[c\left(\frac{1}{2}\text{H}_2\text{SO}_4\right)=0.1\text{mol/L}\right]$：按GB/T 601配制与标定；

③ 乙醇（无酯）溶液[40%（体积分数）]：量取95%乙醇600mL于1000mL回流瓶中，加氢氧化钠标准滴定溶液5mL，加热回流皂化1h，然后移入蒸馏器中重蒸，再配成40%（体积分数）乙醇溶液。

（4）操作步骤

按使用说明书安装仪器，根据液温进行校正定位。

吸取样品50.0mL于250mL回流瓶中，加两滴酚酞指示剂，以氢氧化钠标准滴定溶液滴定至粉红色（切勿过量），记录消耗氢氧化钠标准滴定溶液的毫升数（也可作为总酸含量计算）。再准确加入氢氧化钠标准滴定溶液25.00mL（若样品总酯含量高时，可加入50.00mL），摇匀，放入几颗沸石或玻璃珠，装上冷凝管（冷却水温度宜低于15℃），于沸水浴上回流30min，取下，冷却。将样液移入100mL小烧杯中，用10mL水分次冲洗回流瓶，洗液并入小烧杯。插入电极，放入一枚转子，置于电磁搅拌器上，开始搅拌，初始阶段可快速滴加硫酸标准滴定溶液，当样液pH=8.00后，放慢滴定速度，每次滴加半滴溶液，直至pH=8.70为其终点，记录消耗硫酸标准滴定溶液的体积。同时吸取乙醇（无酯）溶液50.00mL，按上述方法同样操作做空白试验，记录消耗硫酸标准滴定溶液的体积。

（5）结果计算

样品中的总酯含量按下式计算：

$$X=\frac{c\times(V_0-V_1)\times 88}{50.0}$$

式中，X 为样品中总酯的质量浓度（以乙酸乙酯计），g/L；c 为硫酸标准滴定溶液的实际浓度，mol/L；V_0 为空白试验样品消耗硫酸标准滴定溶液的体积，mL；V_1 为样品消耗硫酸标准滴定溶液体积，mL；88 为乙酸乙酯的摩尔质量，g/mol；50.0 为吸取样品的体积，mL。

所得结果应表示至两位小数。

(6) 精密度

在重复性条件下获得的两次独立测定结果的绝对差值，不应超过平均值 2%。

四、固形物

1. 原理

白酒经蒸发烘干后，不挥发性物质残留于皿中，用称量法测定。

2. 仪器

(1) 电热干燥箱：控温精度±2℃；

(2) 分析天平：感量 0.1mg；

(3) 瓷蒸发皿：100mL；

(4) 干燥器：用变色硅胶作干燥剂。

3. 操作步骤

吸取样品 50.0mL，注入已烘干至恒温的 100mL 瓷蒸发皿内，置于沸水浴上，蒸发至干，然后将蒸发皿放入（103±2）℃电热干燥箱内，烘 2h，取出，置于干燥器内 30min，称量。再放入（103±2）℃电热干燥箱内，烘 1h，取出，置于干燥器内 30min，称量。重复上述操作，直至恒重。

4. 结果计算

样品中的固形物含量按下式计算：

$$X = \frac{m - m_1}{50.0} \times 1000$$

式中，X 为样品中固形物的质量浓度，g/L；m 为固形物和蒸发皿的质量，g；m_1 为蒸发皿的质量，g；50.0 为吸取样品的体积，mL。

所得结果应表示至两位小数。

5. 精密度

在重复性条件下获得的两次独立测定结果的绝对差值，不应超过平均值的 2%。

五、乙酸乙酯

1. 原理

样品被汽化后，随同载气进入色谱柱，利用被测定的各组分在气液两相中具有不同的分配系数，在柱内形成迁移速度的差异而得到分离。分离后的组分先后流出色谱柱，进入氢火焰离子化检测器。根据色谱图上各组分峰的保留值与标样相对照进行定性；利用峰面积（或峰高），以内标法定量。

2. 仪器和材料

(1) 气相色谱仪

备有氢火焰离子化检测器（FID）。

(2) 色谱柱

① 毛细管柱：LZP-930 白酒分析专用柱（柱长 18m，内径 0.53mm）或 FFAP 毛细管

色谱柱（柱长35～50m，内径0.25mm，涂层0.2μm），或其他具有同等分析效果的毛细管色谱柱。

② 填充柱：柱长不短于2m。

③ 载体：ChromosorbW（AW）或白色载体102（酸洗，硅烷化），80～100目。

④ 固体液：20%DNP（邻苯二甲酸二壬酯）加7%吐温80，或10%PEG（聚乙二醇）1500或PEG 20M。

(3) 微量注射器

10μL，1μL。

3. 试剂和溶液

(1) 乙醇溶液[60%(体积分数)]：用乙醇（色谱纯）加水配制。

(2) 乙酸乙酯溶液[2%(体积分数)]作标样用。吸取乙酸乙酯（色谱纯）2mL，用乙醇溶液[60%(体积分数)]定容至100mL。

(3) 乙酸正戊酯溶液[2%(体积分数)]：使用毛细管柱时作内标用。吸取乙酸正戊酯[色谱纯]2mL，用乙醇溶液[60%(体积分数)]定容至100mL。

(4) 乙酸正丁酯溶液[2%(体积分数)]：使用填充柱时作内标用。吸取乙酸正丁酯[色谱纯]2mL，用乙醇溶液[60%(体积分数)]定容至100mL。

4. 分析步骤

(1) 色谱参考条件

① 毛细管柱

载气（高纯氮）：流速为0.5～1.0mL/min，分流比约为37:1，尾吹20～30mL/min；

氢气：流速40mL/min；

空气：流速400mL/min；

检测器温度（T_D）：150℃；

注样器温度（T_j）：150℃；

柱温（T_c）：起始温度60℃，恒温3min，以3.5℃/min程序升温至180℃，继续恒温10min。

② 填充柱

载气（高纯氮）：流速为150mL/min；

氢气：流速40mL/min；

空气：流速400mL/min；

检测器温度（T_D）：150℃；

注样器温度（T_j）：150℃；

柱温（T_c）：90℃，等温。

载气、氢气、空气的流速等色谱条件随仪器而异，应通过试验选择最佳操作条件，以内标峰与样品中其他组分峰获得完全分离为准。

(2) 校正因子（f值）的测定

吸取乙酸乙酯溶液[2%(体积分数)]1.00mL，移入100mL容量瓶中，加入内标溶液乙酸正戊酯[2%(体积分数)]或乙酸正丁酯溶液[2%(体积分数)]1.00mL，用乙醇溶液[60%(体积分数)]稀释至刻度。上述溶液中乙酸乙酯和内标的浓度均为0.02%（体积分数）。待色谱仪基线稳定后，用微量注射器进样，进样量随仪器的灵敏度而定，记录乙酸乙酯和内标峰的保留时间及其峰面积（或峰高），用其比值计算出乙酸乙酯的相对校正因子。

校正因子按下式计算：

$$f = \frac{A_1}{A_2} \times \frac{d_2}{d_1}$$

式中，f 为乙酸乙酯的相对校正因子；A_1 为标样 f 值测定时内标的峰面积（或峰高）；A_2 为标样 f 值测定时乙酸乙酯的峰面积（或峰高）；d_2 为乙酸乙酯的相对密度；d_1 为内标物的相对密度。

（3）样品测定

吸取样品 10.0mL 于 10mL 容量瓶中，加入内标溶液乙酸正戊酯溶液 [2%（体积分数）] 或乙酸正丁酯溶液 [2%（体积分数）] 0.10mL，混匀后，在与 f 值测定相同的条件下进样，根据保留时间确定乙酸乙酯峰的位置，并测定乙酸乙酯与内标的峰面积（或峰高），求出峰面积（或峰高）之比，计算出样品中乙酸乙酯的含量。

5. 结果计算

样品中的乙酸乙酯含量按下式计算：

$$X_1 = f \times \frac{A_3}{A_4} \times I \times 10^{-3}$$

式中，X_1 为样品中乙酸乙酯的质量浓度，g/L；f 为乙酸乙酯的相对校正因子；A_3 为样品中乙酸乙酯的峰面积（或峰高）；A_4 为添加于酒样中内标的峰面积（或峰高）；I 为内标物的质量浓度（添加在酒样中），mg/L。

6. 精密度

在重复性条件下获得的两次独立测定结果的绝对差值，不应超过平均值的 5%。

六、己酸乙酯

1. 原理

样品被汽化后，随同载气进入色谱柱，利用被测定的各组分在气液两相中具有不同的分配系数，在柱内形成迁移速度的差异而得到分离。分离后的组分先后流出色谱柱，进入氢火焰离子化检测器。根据色谱图上各组分峰的保留值与标样相对照进行定性；利用峰面积（或峰高），以内标法定量。

2. 仪器和材料

（1）气相色谱仪

备有氢火焰离子化检测器（FID）。

（2）色谱柱

① 毛细管柱：LZP-930 白酒分析专用柱（柱长 18m，内径 0.53mm）或 FFAP 毛细管色谱柱（柱长 35～50m，内径 0.25mm，涂层 0.2μm），或其他具有同等分析效果的毛细管色谱柱。

② 填充柱：柱长不短于 2m。

③ 载体：ChromosorbW（AW）或白色担体 102（酸洗，硅烷化），80～100 目。

④ 固体液：20%DNP（邻苯二甲酸二壬酯）加 7%吐温 80，或 10%PEG（聚乙二醇）1500 或 PEG 20M。

（3）微量注射器

10μL，1μL。

3. 试剂和溶液

（1）乙醇溶液［60%（体积分数）］：用乙醇（色谱纯）加水配制。

（2）己酸乙酯溶液［2%（体积分数）］作标样用。吸取己酸乙酯（色谱纯）2mL，用乙醇溶液［60%（体积分数）］定容至100mL。

（3）乙酸正戊酯溶液［2%（体积分数）］：使用毛细管柱时作内标用。吸取乙酸正戊酯［色谱纯］2mL，用乙醇溶液［60%（体积分数）］定容至100mL。

（4）乙酸正丁酯溶液［2%（体积分数）］：使用填充柱时作内标用。吸取乙酸正丁酯［色谱纯］2mL，用乙醇溶液［60%（体积分数）］定容至100mL。

4. 分析步骤

（1）色谱参考条件

① 毛细管柱

载气（高纯氮）：流速为0.5~1.0mL/min，分流比约为37∶1，尾吹20~30mL/min；

氢气：流速40mL/min；

空气：流速400mL/min；

检测器温度（T_D）：150℃；

注样器温度（T_j）：150℃；

柱温（T_c）：起始温度60℃，恒温3min，以3.5℃/min程序升温至180℃，继续恒温10min。

② 填充柱

载气（高纯氮）：流速为150mL/min；

氢气：流速40mL/min；

空气：流速400mL/min；

检测器温度（T_D）：150℃；

注样器温度（T_j）：150℃；

柱温（T_c）：90℃，等温。

载气、氢气、空气的流速等色谱条件随仪器而异，应通过试验选择最佳操作条件，以内标峰与样品中其他组分峰获得完全分离为准。

（2）校正因子（f值）的测定

吸取己酸乙酯溶液［2%（体积分数）］1.00mL，移入100mL容量瓶中，加入内标溶液乙酸正戊酯溶液［2%（体积分数）］或乙酸正丁酯溶液［2%（体积分数）］1.00mL，用乙醇溶液［60%（体积分数）］稀释至刻度。上述溶液中己酸乙酯和内标的浓度均为0.02%（体积分数）。待色谱仪基线稳定后，用微量注射器进样，进样量随仪器的灵敏度而定，记录己酸乙酯和内标峰的保留时间及其峰面积（或峰高），用其比值计算出己酸乙酯的相对校正因子。

校正因子按下式计算：

$$f = \frac{A_1}{A_2} \times \frac{d_2}{d_1}$$

式中，f为己酸乙酯的相对校正因子；A_1为标样f值测定时内标的峰面积（或峰高）；A_2为标样f值测定时己酸乙酯的峰面积（或峰高）；d_2为己酸乙酯的相对密度；d_1为内标物的相对密度。

（3）样品测定

吸取样品10.0mL于10mL容量瓶中，加入内标溶液乙酸正戊酯溶液［2%（体积分数）］

或乙酸正丁酯溶液［2%（体积分数）］0.10mL，混匀后，在与 f 值测定相同的条件下进样，根据保留时间确定己酸乙酯峰的位置，并测定己酸乙酯与内标的峰面积（或峰高），求出峰面积（或峰高）之比，计算出样品中己酸乙酯的含量。

5. 结果计算

样品中的己酸乙酯含量按下式计算：

$$X_1 = f \times \frac{A_3}{A_4} \times I \times 10^{-3}$$

式中，X_1 为样品中己酸乙酯的质量浓度，g/L；f 为己酸乙酯的相对校正因子；A_3 为样品中己酸乙酯的峰面积（或峰高）；A_4 为添加于酒样中内标的峰面积（或峰高）；I 为内标物的质量浓度（添加在酒样中），mg/L。

6. 精密度

在重复性条件下获得的两次独立测定结果的绝对差值，不应超过平均值的 5%。

七、乳酸乙酯

1. 原理

样品被汽化后，随同载气进入色谱柱，利用被测定的各组分在气液两相中具有不同的分配系数，在柱内形成迁移速度的差异而得到分离。分离后的组分先后流出色谱柱，进入氢火焰离子化检测器。根据色谱图上各组分峰的保留值与标样相对照进行定性；利用峰面积（或峰高），以内标法定量。

2. 仪器和材料

（1）气相色谱仪

备有氢火焰离子化检测器（FID）。

（2）色谱柱

① 毛细管柱：LZP-930 白酒分析专用柱（柱长 18m，内径 0.53mm）或 FFAP 毛细管色谱柱（柱长 35~50m，内径 0.25mm，涂层 0.2μm），或其他具有同等分析效果的毛细管色谱柱。

② 填充柱：柱长不短于 2m。

③ 载体：ChromosorbW（AW）或白色担体 102（酸洗，硅烷化），80~100 目。

④ 固体液：20%DNP（邻苯二甲酸二壬酯）加 7%吐温 80，或 10%PEG（聚乙二醇）1500 或 PEG 20M。

（3）微量注射器

10μL，1μL。

3. 试剂和溶液

（1）乙醇溶液［60%（体积分数）］：用乙醇（色谱纯）加水配制。

（2）乳酸乙酯溶液［2%（体积分数）］作标样用。吸取乳酸乙酯（色谱纯）2mL，用乙醇溶液［60%（体积分数）］定容至 100mL。

（3）乙酸正戊酯溶液［2%（体积分数）］：使用毛细管柱时作内标用。吸取乙酸正戊酯［色谱纯］2mL，用乙醇溶液［60%（体积分数）］定容至 100mL。

（4）乙酸正丁酯溶液［2%（体积分数）］：使用填充柱时作内标用。吸取乙酸正丁酯［色谱纯］2mL，用乙醇溶液［60%（体积分数）］定容至 100mL。

4. 分析步骤

(1) 色谱参考条件

① 毛细管柱

载气（高纯氮）：流速为 0.5～1.0mL/min，分流比约为 37∶1，尾吹 20～30mL/min；

氢气：流速 40mL/min；

空气：流速 400mL/min；

检测器温度（T_D）：150℃；

注样器温度（T_j）：150℃；

柱温（T_c）：起始温度 60℃，恒温 3min，以 3.5℃/min 程序升温至 180℃，继续恒温 10min。

② 填充柱

载气（高纯氮）：流速为 150mL/min；

氢气：流速 40mL/min；

空气：流速 400mL/min；

检测器温度（T_D）：150℃；

注样器温度（T_j）：150℃；

柱温（T_c）：90℃，等温。

载气、氢气、空气的流速等色谱条件随仪器而异，应通过试验选择最佳操作条件，以内标峰与样品中其他组分峰获得完全分离为准。

(2) 校正因子（f 值）的测定

吸取乳酸乙酯溶液 [2%（体积分数）] 1.00mL，移入 100mL 容量瓶中，加入内标溶液乙酸正戊酯溶液 [2%（体积分数）] 或乙酸正丁酯溶液 [2%（体积分数）] 1.00mL，用乙醇溶液 [60%（体积分数）] 稀释至刻度。上述溶液中乳酸乙酯和内标的浓度均为 0.02%（体积分数）。待色谱仪基线稳定后，用微量注射器进样，进样量随仪器的灵敏度而定，记录乳酸乙酯和内标峰的保留时间及其峰面积（或峰高），用其比值计算出乳酸乙酯的相对校正因子。

校正因子按下式计算：

$$f = \frac{A_1}{A_2} \times \frac{d_2}{d_1}$$

式中，f 为乳酸乙酯的相对校正因子；A_1 为标样 f 值测定时内标的峰面积（或峰高）；A_2 为标样 f 值测定时乳酸乙酯的峰面积（或峰高）；d_2 为乳酸乙酯的相对密度；d_1 为内标物的相对密度。

(3) 样品测定

吸取样品 10.0mL 于 10mL 容量瓶中，加入内标溶液乙酸正戊酯溶液 [2%（体积分数）] 或乙酸正丁酯溶液 [2%（体积分数）] 0.10mL，混匀后，在与 f 值测定相同的条件下进样，根据保留时间确定乳酸乙酯峰的位置，并测定乳酸乙酯与内标峰面积（或峰高），求出峰面积（或峰高）之比，计算出样品中乳酸乙酯的含量。

5. 结果计算

样品中的乳酸乙酯含量按下式计算：

$$X_1 = f \times \frac{A_3}{A_4} \times I \times 10^{-3}$$

式中，X_1 为样品中乳酸乙酯的质量浓度，g/L；f 为乳酸乙酯的相对校正因子；A_3 为样品中乳酸乙酯的峰面积（或峰高）；A_4 为添加于酒样中内标的峰面积（或峰高）；I 为内标物的质量浓度（添加在酒样中），mg/L。

6. 精密度

在重复性条件下获得的两次独立测定结果的绝对差值，不应超过平均值的 5%。

八、β-苯乙醇

1. 原理

样品被汽化后，随同载气进入色谱柱，利用被测定的各组分在气液两相中具有不同的分配系数，在柱内形成迁移速度的差异而得到分离。分离后的组分先后流出色谱柱，进入氢火焰离子化检测器。根据色谱图上各组分峰的保留值与标样相对照进行定性；利用峰面积（或峰高），以内标法定量。

2. 仪器和材料

（1）气相色谱仪

备有氢火焰离子化检测器（FID）。

（2）色谱柱

① 毛细管柱：LZP-930 白酒分析专用柱（柱长 18m，内径 0.53mm）或 FFAP 毛细管色谱柱（柱长 35~50m，内径 0.25mm，涂层 0.2μm），或其他具有同等分析效果的毛细管色谱柱。

② 填充柱：柱长不短于 2m。

③ 载体：ChromosorbW（AW）或白色担体 102（酸洗，硅烷化），80~100 目。

④ 固体液：20%DNP（邻苯二甲酸二壬酯）加 7%吐温 80，或 10%PEG（聚乙二醇）1500 或 PEG 20M。

（3）微量注射器

10μL，1μL。

3. 试剂和溶液

（1）乙醇溶液 [60%（体积分数）]：用乙醇（色谱纯）加水配制。

（2）β-苯乙醇溶液 [2%（体积分数）] 作标样用。吸取 β-苯乙醇（色谱纯）2mL，用乙醇溶液 [60%（体积分数）] 定容至 100mL。

（3）乙酸正戊酯溶液 [2%（体积分数）]：使用毛细管柱时作内标用。吸取乙酸正戊酯 [色谱纯] 2mL，用乙醇溶液 [60%（体积分数）] 定容至 100mL。

4. 分析步骤

（1）色谱参考条件

① 毛细管柱

载气（高纯氮）：流速为 0.5~1.0mL/min，分流比约为 37:1，尾吹 20~30mL/min；

氢气：流速 40mL/min；

空气：流速 400mL/min；

检测器温度（T_D）：150℃；

注样器温度（T_j）：150℃；

柱温（T_c）：起始温度 60℃，恒温 3min，以 3.5℃/min 程序升温至 180℃，继续恒温 10min。

② 填充柱

载气（高纯氮）：流速为150mL/min；

氢气：流速40mL/min；

空气：流速400mL/min；

检测器温度（T_D）：150℃；

注样器温度（T_j）：150℃；

柱温（T_c）：90℃，等温。

载气、氢气、空气的流速等色谱条件随仪器而异，应通过试验选择最佳操作条件，以内标峰与样品中其他组分峰获得完全分离为准。

(2) 校正因子（f值）的测定

吸取β-苯乙醇溶液[2%（体积分数）] 1.00mL，移入100mL容量瓶中，加入内标溶液乙酸正戊酯溶液[2%（体积分数）] 1.00mL，用乙醇溶液[60%（体积分数）]稀释至刻度。上述溶液中β-苯乙醇和内标的浓度均为0.02%（体积分数）。待色谱仪基线稳定后，用微量注射器进样，进样量随仪器的灵敏度而定，记录β-苯乙醇和内标峰的保留时间及其峰面积（或峰高），用其比值计算出β-苯乙醇的相对校正因子。

校正因子按下式计算：

$$f = \frac{A_1}{A_2} \times \frac{d_2}{d_1}$$

式中，f为β-苯乙醇的相对校正因子；A_1为标样f值测定时内标的峰面积（或峰高）；A_2为标样f值测定时β-苯乙醇的峰面积（或峰高）；d_2为β-苯乙醇的相对密度；d_1为内标物的相对密度。

(3) 样品测定

吸取样品10.0mL于10mL容量瓶中，加入内标溶液乙酸正戊酯溶液[2%（体积分数）] 0.10mL，混匀后，在与f值测定相同的条件下进样，根据保留时间确定β-苯乙醇峰的位置，并测定β-苯乙醇与内标峰的面积（或峰高），求出峰面积（或峰高）之比，计算出样品中β-苯乙醇的含量。

5. 结果计算

样品中的β-苯乙醇含量按下式计算：

$$X_1 = f \times \frac{A_3}{A_4} \times I \times 10^{-3}$$

式中，X_1为样品中β-苯乙醇的质量浓度，g/L；f为β-苯乙醇的相对校正因子；A_3为样品中β-苯乙醇的峰面积（或峰高）；A_4为添加于酒样中内标的峰面积（或峰高）；I为内标物的质量浓度（添加在酒样中），mg/L。

6. 精密度

在重复性条件下获得的两次独立测定结果的绝对差值，不应超过平均值的5%。

思考题

1. 白酒为什么要进行贮存？
2. 白酒贮存常用哪些容器？各有什么优缺点？
3. 白酒贮存时间与酒质的关系如何？

4. 白酒怎样贮存老熟？
5. 何谓白酒的勾兑、调味？二者有何联系？
6. 白酒怎样勾兑？
7. 为什么通过勾兑可以提高酒的质量？
8. 勾兑中应注意哪些问题？
9. 勾兑调味员应具备哪些条件？
10. 为什么通过调味可以进一步提高酒的质量？

第五章 白酒的质量标准

> **学习目标**

【掌握】白酒感官标准及理化标准、卫生标准。

一、白酒的感官标准

1. 浓香型白酒感官标准（GB/T 10781.1—2006）

浓香型白酒感观标准见表 5-1 和表 5-2。

表 5-1　高度酒（41%～68%）感官标准

项　目	优　级	一　级
色泽和外观	无色或微黄，清亮透明，无悬浮物，无沉淀①	
香气	具有浓郁的己酸乙酯为主体的复合香气	具有较浓郁的己酸乙酯为主体的复合香气
口味	酒体醇和谐调，绵甜爽净，余味悠长	酒体较醇和谐调，绵甜爽净，余味悠长
风格	具有本品典型的风格	具有本品明显的风格

① 当酒的温度低于 10℃时，允许出现白色絮状沉淀物质或失光，10℃以上时应逐渐恢复正常。

表 5-2　低度酒（25%～40%）感官标准

项　目	优　级	一　级
色泽和外观	无色或微黄，清亮透明，无悬浮物，无沉淀①	
香气	具有较浓郁的己酸乙酯为主体的复合香气	具有己酸乙酯为主体的复合香气
口味	酒体醇和谐调，绵甜爽净，余味悠长	酒体较醇和谐调，绵甜爽净
风格	具有本品典型的风格	具有本品明显的风格

① 当酒的温度低于 10℃时，允许出现白色絮状沉淀物质或失光，10℃以上时应逐渐恢复正常。

2. 清香型白酒感官标准（GB/T 10781.2—2006）

清香型白酒感观标准见表 5-3 和表 5-4。

表 5-3　高度酒（41%～68%）感官标准

项　目	优　级	一　级
色泽和外观	无色或微黄，清亮透明，无悬浮物，无沉淀①	
香气	清香纯正，具有乙酸乙酯为主体的优雅、谐调的复合香气	清香较纯正，具有乙酸乙酯为主体的复合香气

续表

项 目	优 级	一 级
口味	酒体柔和谐调，绵甜爽净，余味悠长	酒体较柔和谐调，绵甜爽净，有余味
风格	具有本品典型的风格	具有本品明显的风格

① 当酒的温度低于10℃时，允许出现白色絮状沉淀物质或失光，10℃以上时应逐渐恢复正常。

表 5-4　低度酒（25%～40%）感官标准

项 目	优 级	一 级
色泽和外观	无色或微黄，清亮透明，无悬浮物，无沉淀①	
香气	清香纯正，具有乙酸乙酯为主体的清雅、谐调的复合香气	清香较纯正，具有乙酸乙酯为主体的香气
口味	酒体柔和谐调，绵甜爽净，余味悠长	酒体较柔和谐调，绵甜爽净，有余味
风格	具有本品典型的风格	具有本品明显的风格

① 当酒的温度低于10℃时，允许出现白色絮状沉淀物质或失光，10℃以上时应逐渐恢复正常。

3. 浓酱兼香型白酒感官标准（GB 23547—2009）

浓酱兼香型白酒感观标准见表 5-5 和表 5-6。

表 5-5　高度酒（41%～68%）感官标准

项 目	优 级	一 级
色泽和外观	无色或微黄，清亮透明，无悬浮物，无沉淀①	
香气	浓酱谐调，幽雅馥郁	浓酱较谐调，纯正舒适
口味	细腻丰满，回味爽净	醇厚柔和，回味较爽
风格	具有本品典型的风格	具有本品明显的风格

① 当酒的温度低于10℃时，允许出现白色絮状沉淀物质或失光，10℃以上时应逐渐恢复正常。

表 5-6　低度酒（18%～40%）感官标准

项 目	优 级	一 级
色泽和外观	无色或微黄，清亮透明，无悬浮物，无沉淀①	
香气	浓酱谐调，幽雅舒适	浓酱较谐调，纯正舒适
口味	醇和丰满，回味爽净	醇甜柔和，回味较爽
风格	具有本品典型的风格	具有本品明显的风格

① 当酒的温度低于10℃时，允许出现白色絮状沉淀物质或失光，10℃以上时应逐渐恢复正常。

4. 米香型白酒感官标准（GB/T 10781.3—2006）

米香型白酒感观标准见表 5-7 和表 5-8。

表 5-7　高度酒感官要求（41%～68%）

项 目	优 级	一 级
色泽和外观	无色，清亮透明，无悬浮物，无沉淀①	
香气	米香纯正，清雅	米香纯正

续表

项　目	优　级	一　级
口味	酒体醇和，绵甜、爽冽，回味怡畅	酒体较醇和，绵甜、爽冽，回味较畅
风格	具有本品典型的风格	具有本品明显的风格

① 当酒的温度低于10℃时允许出现白色絮状沉淀物质或者失光，10℃以上时应逐渐恢复正常。

表 5-8　低度酒感官要求（25%～40%）

项　目	优　级	一　级
色泽和外观	无色，清亮透明，无悬浮物，无沉淀①	
香气	米香纯正，清雅	米香纯正
口味	酒体较醇和，绵甜、爽冽，回味较长	酒体较醇和，绵甜、爽冽，有回味
风格	具有本品典型的风格	具有本品明显的风格

① 当酒的温度低于10℃时，允许出现白色絮状沉淀物质或失光，10℃以上时应逐渐恢复正常。

二、白酒的理化指标

1. 浓香型白酒理化指标

浓香型白酒理化指标见表 5-9 和表 5-10。

表 5-9　高度酒（41%～68%）理化指标

项　目		优　级	一　级
酒精度/%		41～68	
总酸（以乙酸计）/(g/L)	≥	0.40	0.30
总酯（以乙酸乙酯计）/(g/L)	≥	2.00	1.50
己酸乙酯/(g/L)		1.20～2.80	0.60～2.50
固形物/(g/L)	≤	0.40①	

① 酒精度 41%～49% 的酒，固形物可小于或等于 0.50g/L。

表 5-10　低度酒（25%～40%）理化标准

项　目		优　级	一　级
酒精度/%		25～40	
总酸（以乙酸计）/(g/L)	≥	0.30	0.25
总酯（以乙酸乙酯计）/(g/L)	≥	1.50	1.00
己酸乙酯/(g/L)		0.70～2.20	0.40～2.20
固形物/(g/L)	≤	0.70①	

① 酒精度 41%～49% 的酒，固形物可小于或等于 0.50g/L。

2. 清香型白酒理化指标

清香型白酒理化指标见表 5-11 和表 5-12。

表 5-11 高度酒（41%～68%）理化标准

项　目		优　级	一　级
酒精度/%		41～68	
总酸（以乙酸计）/(g/L)	≥	0.40	0.30
总酯（以乙酸乙酯计）/(g/L)	≥	1.00	0.60
乙酸乙酯/(g/L)		0.60～2.60	0.30～2.60
固形物/(g/L)	≤	0.40①	

① 精度 41%～49% 的酒，固形物可小于或等于 0.50g/L。

表 5-12 低度酒（25%～40%）理化标准

项　目		优　级	一　级
酒精度/%		25～40	
总酸（以乙酸计）/(g/L)	≥	0.25	0.20
总酯（以乙酸乙酯计）/(g/L)	≥	0.70	0.40
乙酸乙酯/(g/L)		0.40～2.20	0.20～2.20
固形物/(g/L)	≤	0.70	

3. 浓酱兼香型白酒理化指标

浓酱兼香型白酒理化指标见表 5-13 和表 5-14。

表 5-13 高度酒（41%～68%）理化标准

项　目		优　级	一　级
酒精度/%		41～68	
总酸（以乙酸计）/(g/L)	≥	0.50	0.30
总酯（以乙酸乙酯计）/(g/L)	≥	2.00	1.00
正丙醇/(g/L)		0.25～1.20	
己酸乙酯/(g/L)		0.60～2.00	0.60～1.80
固形物/(g/L)	≤	0.8	

表 5-14 低度酒（18%～40%）理化标准

项　目		优　级	一　级
酒精度/%		18～40	
总酸（以乙酸计）/(g/L)	≥	0.30	0.20
总酯（以乙酸乙酯计）/(g/L)	≥	1.40	0.60
正丙醇/(g/L)		0.20～1.00	
己酸乙酯/(g/L)		0.50～1.60	0.50～1.30
固形物/(g/L)	≤	0.8	

4. 米香型白酒理化指标

米香型白酒理化指标见表 5-15 和表 5-16。

表 5-15　高度酒（41%～68%）理化标准

项　目		优　级	一　级
酒精度/%		\multicolumn{2}{c}{41～68}	
总酸（以乙酸计）/(g/L)	≥	0.30	0.25
总酯（以乙酸乙酯计）/(g/L)	≥	0.08	0.65
乳酸乙酯/(g/L)	≥	0.50	0.40
β-苯乙醇/(mg/L)	≥	30	20
固形物/(g/L)	≤	0.40①	

① 酒精度41%～49%的酒，固形物可小于或等于0.50g/L。

表 5-16　低度酒（25%～40%）理化标准

项　目		优　级	一　级
酒精度/%		25～40	
总酸（以乙酸计）/(g/L)	≥	0.25	0.20
总酯（以乙酸乙酯计）/(g/L)	≥	0.45	0.35
乳酸乙酯/(g/L)	≥	0.30	0.20
β-苯乙醇/(mg/L)	≥	15	10
固形物/(g/L)	≤	0.70	

三、白酒的卫生指标

白酒卫生指标（GB 2757—1981）见表 5-17。

表 5-17　白酒卫生指标

项　目		指　标
甲醇/(g/100mL)		
以谷类为原料者	≤	0.04
以薯干及代用品为原料者	≤	0.12
氰化物（以 HCN 计）/(mg/L)		
以木薯为原料者	≤	5
以代用品为原料者	≤	2
铅（以 Pb 计）/(mg/L)	≤	1
锰（以 Mn 计）/(mg/L)	≤	2
食品添加剂		按 GB 2760—81 规定

注：以上系指60度蒸馏酒的标准，高于或低于60度者，按60度折算。

参 考 文 献

[1] 岳春. 食品发酵技术. 北京：化学工业出版社，2008.
[2] 康明官. 白酒工业手册. 北京：中国轻工业出版社，1991.
[3] 陆寿鹏. 酿造工艺. 北京：高等教育出版社，2002.
[4] 刘明华，全永亮. 食品发酵与酿造技术. 武汉：武汉理工大学出版社，2011.
[5] 张惟广. 发酵食品工艺学. 北京：中国轻工业出版社，2009.
[6] 肖冬光等. 白酒生产技术. 北京：化学工业出版社，2005.
[7] 沈毅文等. 简明白酒实用技术. 北京：中国轻工业出版社，2011.
[8] 王元太等. 清香型白酒酿造技术. 北京：中国轻工业出版社，2009.
[9] 赖高淮等. 白酒理化分析检验. 北京：中国轻工业出版社，2009.
[10] 吴建平等. 小曲白酒酿造法. 北京：中国轻工业出版社，1999.
[11] 王福荣等. 酿酒分析与检验. 北京：化学工业出版社，2005.
[12] 李大和等. 低度白酒生产技术. 北京：中国轻工业出版社，2010.
[13] 余乾伟等. 传统白酒酿造技术. 北京：中国轻工业出版社，2010.
[14] 尹建军，安红梅，张晓磊等. 酿酒原料青稞中挥发性化合物的研究. 酿酒. 2011，38（6）：19-20.
[15] 刘丽萍. 小米营养及小米食品的开发. 粮油加工及食品机械. 2003，(1)：47-49.
[16] 刘勇，姚惠源，王强. 黄米营养成分分析. 食品工业科技. 2006，27（2）：172-173.
[17] 赵钢. 苦荞麦的营养和药用价值及其开发应用. 农牧产品开发. 1999（7）：17.
[18] 齐文援. 浅谈荞麦的营养价值及生理功能. 甘肃农业. 2005（10）：166.
[19] 陈海华，董海洲. 大麦的营养价值及在食品业中的利用. 西部粮油科技. 2002，27（2）：34-36.
[20] 陆寿鹏，张安宁. 白酒生产技术. 北京：科学出版社，2004.